Le Quadrige européen ou l'Europe par les régions

Cet ouvrage a bénéficié du soutien technique
et financier de la région Rhône-Alpes
au titre des actions internationales

BP 47 – 38040 Grenoble cedex 9
Tél. : 04 76 82 56 51 – Fax : 04 76 82 78 35
e-mail : pug@upmf-grenoble.fr
ISBN 2 7061 0879-7

LE QUADRIGE EUROPÉEN OU L'EUROPE PAR LES RÉGIONS

BILAN DE LA COOPÉRATION
1988-1998
DES "QUATRE MOTEURS POUR L'EUROPE"
(Bade-Wurtemberg, Catalogne, Lombardie, Rhône-Alpes)

par
Pierre KUKAWKA,
Chargé de recherche à la Fondation Nationale des Sciences Politiques
CERAT – Institut d'Etudes Politiques de Grenoble

Presses Universitaires de Grenoble

Remerciements

Nous tenons à remercier très chaleureusement les hauts fonctionnaires qui ont accordé des entretiens et transmis des données et des documents particulièrement précieux concernant l'histoire et le développement de la coopération des Quatre Moteurs pour l'Europe.

Madame Dorothea Bachmann, Direction des Relations Internationales au Ministère de l'Intérieur du Land du Bade-Wurtemberg.

Mademoiselle Nathalie Brun, Chargée des projets LEADER II à la Direction de l'Agriculture et du Tourisme de la Région Rhône-Alpes.

Madame Anne Chaize, Chef de Projet ERAI (Entreprise Rhône-Alpes International).

Monsieur Bernard Dord, Chargé de mission pour l'enseignement supérieur à la Région Rhône-Alpes.

Madame Marta Gusta i Martorell, Conseil Catalan de la Promotion Extérieure de la Culture (COPEC) à la Generalitat de Catalogne.

Monsieur Ulrich Mack, Ministère de l'Intérieur du Land du Bade-Wurtemberg.

Madame Elena Magni, Service des Relations Extérieures de la Région Lombardie.

Monsieur Pierre Ory, Directeur général adjoint des services de la Région Rhône-Alpes.

Madame Montserrat Riba i Cunill, Responsable des affaires européennes à la Direction générale des Relations Extérieures de la Generalitat de Catalogne.

Monsieur Josep Rodriguez i Roca, Responsable de Programmes de l'Union européenne à la Direction des Affaires Sociales de la Generalitat de Catalogne.

Monsieur Valenti Sallas i Campmany, Directeur du Conseil Catalan de Promotion Extérieure de la Culture (COPEC), à la Generalitat de Catalogne.

Monsieur Dieter Schmidt-Volkmar, Ministère de la Culture, de la Jeunesse et des Sports du Land du Bade-Wurtemberg.

Madame Mar Tarres, Responsable des Programmes Internationaux et de la Recherche à l'Université Ouverte de Catalogne (UOC).

Monsieur Jacques Vincent, Directeur adjoint à la Direction de l'Agriculture et du Tourisme de la Région Rhône-Alpes.

Monsieur Hans-Joachim Wenner, Ministère des Sciences du Land du Bade-Wurtemberg.

Enfin, nos remerciements s'adressent tout particulièrement à Monsieur Bruno Chiaverini, Directeur des Relations Internationales et Monsieur Georges Carteron, Chargé de mission à la Direction des Relations Internationales de la Région Rhône-Alpes, qui nous ont accompagné depuis de nombreuses années dans nos recherches et nous ont apporté aides, conseils et suggestions. Cet ouvrage leur doit beaucoup.

Monique Martin, du CERAT, a assuré la mise en page. Qu'elle en soit également remerciée.

Table des matières

Avant-propos

Pour la première fois, un ouvrage réalisé par un chercheur en sciences politiques, Pierre Kukawka, trace le bilan d'une dizaine d'années de coopération bilatérale et multilatérale entre la Région Rhône-Alpes et ses principaux partenaires en Europe.

Anticipant sur la législation nationale, la Région a engagé dès le milieu des années quatre-vingt des relations privilégiées avec de grandes Régions européennes dans le but de contribuer à une plus large ouverture internationale, à un meilleur positionnement et un plus grand dynamisme en Europe.

Par son impulsion et son effet d'entraînement, cette coopération particulièrement riche entre le Land du Bade-Wurtemberg, la Généralité de Catalogne, la Région Lombardie et la Région Rhône-Alpes a permis aux Rhônalpins d'être plus présents et actifs sur la scène internationale. Notre région s'est ainsi hissée au niveau des autres grandes régions européennes et participe au quotidien à la réalisation de l'idéal européen : de nombreux programmes de bourses et d'échanges scolaires, universitaires et professionnels, de relations économiques, de manifestations culturelles et sportives sont régulièrement proposés aux Rhônalpins.

Par delà cette participation effective à la construction européenne, ce partenariat permet aussi de faire valoir nos intérêts spécifiques auprès des autorités nationales et européennes : en défendant le secteur textile, en prenant position sur la réforme de la PAC, en mettant en avant l'enjeu des grandes liaisons ferroviaires européennes, notre Région, avec l'appui de ses partenaires, joue un rôle politique moteur.

Bien entendu, de nombreuses actions restent à mettre en œuvre pour rapprocher l'Europe de nos concitoyens ; il nous appartient également de maintenir à un haut niveau la créativité et le dynamisme des Quatre moteurs. Plus que les textes, ce sont les coopérations concrètes qui ont fait, et feront, avancer l'idée européenne. C'est le but des Quatre Moteurs pour l'Europe.

A ceux qui douteraient encore malgré les résultats obtenus, cet ouvrage montrera que l'Europe se construit aussi par les Régions, pour le plus grand profit de nos concitoyens.

A. Comparini

Anne-Marie Comparini

Présidente du Conseil Régional Rhônes-Alpes

Introduction

Les enjeux du Quadrige européen

Lorsqu'en septembre 1988 quatre présidents de région se réunissent à Stuttgart pour signer un accord de coopération multilatérale, personne ne sait alors quel sera l'avenir, l'importance, l'intérêt de ce partenariat d'un nouveau genre. Il ne s'agit en effet ni d'un simple jumelage à caractère plus ou moins folklorique, ni d'une coopération transfrontalière largement déterminée par des frontières, des langues, des cultures ou des histoires communes.

Les ambitions sont tout autres, de la part de régions qui ont une place éminente dans leur propre pays et en Europe, par le rôle économique, politique et culturel qu'elles sont amenées à y jouer depuis plusieurs décennies. Cette recherche de synergie, de complémentarité et de dialogue est un enjeu d'autant plus important que la concurrence entre les régions et les villes en Europe tout au long des année quatre-vingt, est exacerbée, aussi bien pour attirer des investissements nationaux et étrangers que pour cristalliser les attentes et répondre aux besoins croissants des citoyens dans le domaine de l'emploi, de la culture, du sport, du tourisme ou encore de la santé.

Les années quatre-vingt constituent en outre une période majeure en ce qui concerne le rôle et la place des collectivités locales en Europe. Elles sont marquées par deux réformes importantes des Fonds structurels[1], qui vont consolider la politique régionale de la Communauté européenne, née une dizaine d'années auparavant avec la naissance du Fonds Européen de Développement Régional (FEDER) en 1975[2]. Alors que les traités de Rome en 1957 n'ont qu'à peine mentionné la question du développement régional, les États membres prennent progressivement conscience de la nécessité de réduire les écarts entre régions développées et régions en difficulté. Les élargissements successifs ont d'ailleurs bien souvent aggravé le problème régional, avec l'entrée dans la Communauté européenne du Royaume-Uni, de la République d'Irlande, et des trois pays du sud de l'Europe, l'Espagne, le Portugal et la Grèce. Mais dès le départ de la construction européenne, la question régionale était particulièrement redoutable, avec notamment la situation du Mezzogiorno en Italie qui voyait croître irrémédiablement les écarts avec l'Italie du nord et singulièrement la Lombardie.

1. Sur la réforme des fonds structurels, le lecteur trouvera à la fois une analyse synthétique et une présentation pays par pays dans Heinelt Hubert et Smith Randall, *Policy Networks and European Stuctural Funds*, Aldershot, Avebury, 1996, 321 p. (Perspectives on Europe). Il trouvera des études de cas très détaillées sur les fonds structurels en France, en Espagne et au Royaume-Uni dans Smith Andy, *L'Europe au miroir du local*. Les fonds structurels et les zones rurales en France, en Espagne et au Royaume-Uni, Paris, L'Harmattan, 1995, 300 p. (Logiques Politiques).
2. Sur la politique régionales européenne, voir Doutriaux Yves, *La politique régionale de la CEE*, Paris, PUF, 1992, 128 p. (Que Sais-je ? ; 2587).

En France, les lois de décentralisation de 1982-1983 vont enfin faire évoluer le centralisme étatique datant de l'Ancien Régime et de la Révolution. Un processus de décentralisation se met en place, qui donne aux collectivités locales de nouvelles compétences et de nouvelles responsabilités[3]. Pour la première fois, les régions deviennent des collectivités territoriales à part entière[4]. Elles connaîtront pourtant un démarrage difficile avec les premières élections régionales au suffrages universel, le même jour que le premier tour d'élections législatives décisives et, qui plus est, à la proportionnelle et sur une base départementale. A n'en pas douter, l'électeur a rencontré les plus extrêmes difficultés pour saisir les enjeux régionaux de ces premières élections.

Dans toute l'Europe, la fin des années soixante-dix et le début des années quatre-vingt correspondent à une accélération du processus de mise en place et de stabilisation des structures régionales.

En Espagne, ces années sont marquées par la consolidation de la jeune démocratie, qui fait suite à la fin de la dictature du général Franco, et des structures régionales originales appelées "Communautés autonomes" sont créées et reconnues par la Constitution de 1978[5].Sous la pression des "communautés historiques" que sont la Catalogne, le Pays Basque et la Galice, le gouvernement central reconnaît la diversité des régions et des nations qui composent le royaume d'Espagne et accorde une très large autonomie aux dix-sept régions espagnoles, avec un processus évolutif d'attribution de compétences.

D'autres États européens précisent, par des réformes juridiques, le rôle et les compétences des collectivités territoriales. C'est le cas de l'Allemagne qui redéfinit sans cesse un "fédéralisme participatif" qui place les Länder au cœur du processus de décision politique et administratif[6]. Le fédéralisme allemand, mis en place au lendemain de la seconde guerre mondiale, avec la Loi fondamentale de 1949, connaîtra un approfondissement et une évolution sans rupture lors de la réunification de l'Allemagne en 1990. Néanmoins, les Länder de l'Est, moins développés économiquement et souvent moins peuplés que ceux de l'Ouest poseront

---

3. De nombreux ouvrages ont été consacrés à la décentralisations en France. Nous citons ici les plus récents : Bodineau Pierre et Verpeaux Michel, *Histoire de la décentralisation*, Paris, Presses universitaires de France, 1997, 127 p. (Que sais-je ? ; 2741), Greffe Xavier, *La décentralisation*, Paris, La Découverte, 1992, Gruber Annie, *La décentralisation et les institutions administratives*, Paris, A. Colin, 1996, 620 p. (Collection U ; 338. Série Droit), ou encore Nemery Jean-Claude, Wachter Serge (sous la dir. de), *Entre l'Europe et la décentralisation.* Les institutions territoriales françaises, La Tour d'Aigues, Datar/Éditions de l'Aube, 1993, 173 p. (monde en cours).
4. Dupoirier Élisabeth (sous la dir. de), *Régions : la croisée des chemins*. Perspectives françaises et enjeux européens, Presses de Sciences Po, 1998, 381 p. (Références inédites) ; Huguenin Jacques, Martinat Patrick, *Les régions entre l'État et l'Europe*, Paris, Le Monde Éditions, 1998, 221 p. (Le Monde poche) ; Nay Olivier, *La région, une institution : la représentation, le pouvoir et la règle dans l'espace régional*, Paris, L'Harmattan, 1997, 377 p. (Logiques politiques) ; Pontier Jean-Marie, *La région*, Paris, Dalloz, 1998, 408 p. (Collectivités locales).
5. Genyes William, *Les élites espagnoles face à l'Éta*t, Paris, L'Harmattan, 1997 ; Humbert A., *L'Espagne*, Paris, Nathan, 1992.
6. Utterwedde Henrik, *Communes en France et en Allemagne*, Bonn, Gemini-DBB Multimedia Verlag, 1991, 124 p.

dans les années quatre-vingt dix des problèmes économiques, et sociaux non encore surmontés aujourd'hui. Mais la chute du mur de Berlin a sans doute inconsciemment contribué à construire un autre mur, abstrait, invisible mais néanmoins palpable dans la conscience collective allemande contemporaine. La République démocratique allemande n'existe plus mais les "Ossies" ont bien du mal à communiquer réellement avec les "Wessies".

Au-delà des situations nationales propres à chaque État membre de la Communauté Européenne, ce qui frappe lorsqu'on observe la situation à la fin des années quatre-vingt, c'est bien l'impression d'un puzzle confus et imprécis[7], avec des disparités régionales considérables, aussi bien au plan économique et démographique qu'au niveau des compétences et des pouvoirs. Pour ne retenir que les quatre États plus directement concernés par la coopération des Quatre Moteurs, on ne voyait pas très bien, au départ, en 1988, ce qu'il y avait de commun entre les systèmes français, allemand, italien et espagnol, même si l'on observait que la France demeurait, en la matière, encore assez largement à l'écart de ses voisins les plus proches, qui avaient certainement plus de similitudes que de différences, au niveau régional notamment.

Dix ans ont passé depuis cette rencontre de Stuttgart, et le temps est venu aujourd'hui de dresser le bilan de cette coopération qui a obtenu d'incontestables succès mais qui, d'une certaine manière, se cherche aujourd'hui un nouveau souffle et de nouvelles perspectives pour le moyen et le long terme.

La coopération des "Quatre moteurs pour l'Europe" puise son origine dans une volonté commune des présidents du Land du Bade-Wurtemberg, de la Communauté Autonome de Catalogne, de la Région Lombardie et de la Région Rhône-Alpes de faire participer leur région au processus de construction européenne.

Dans un premier temps, des partenariats bilatéraux ont été signés entre 1986 et 1988 par le biais de "Déclarations communes" entre les quatre régions.

Dès lors, les quatre partenaires ont décidé de prolonger et de valoriser leurs coopérations bilatérales en s'engageant dans une authentique coopération multilatérale symboliquement dénommée : "Quatre moteurs pour l'Europe".

Nous avons décidé dès octobre 1988, lors d'une conférence à l'Institut d'Etudes Politiques de Grenoble, d'adopter l'expression "Quadrige européen", pour analyser l'expérience des "Quatre moteurs pour l'Europe".

Le 9 septembre 1988, les quatre présidents ont donc signé un mémorandum fixant les objectifs prioritaires de leur coopération. En juin 1989, l'Ontario a été associé à cette communauté de travail, cette association se formalisant en juin 1990 par la signature à Toronto d'une déclaration de coopération. Il existe par ailleurs une coopération ponctuelle avec le Pays de

---

7. Delamaide Darrell, *Le nouveau puzzle européen*, Paris, Calmann-Lévy, 1994, 369 p. (Liberté de l'esprit).

Galles dans les domaines de la protection de la nature et de l'enseignement supérieur, ainsi qu'avec la Voïvodie de Lodz, en Pologne, dans le domaine de la protection de l'environnement.

Avant d'entrer dans le détail plus précis de cette coopération, il est nécessaire d'en cerner les principaux enjeux, tels qu'ils se présentaient aux responsables politiques et administratifs des quatre régions partenaires.

Ces enjeux sont, nous semble-t-il, au nombre de quatre :

- les régions comme acteurs et partenaires de la construction européenne,
- la construction d'identités régionales en Europe,
- la structuration des États et l'évolution de la décentralisation en Europe,
- les "Quatre moteurs" comme laboratoire expérimental des coopérations interrégionales en Europe.

Les régions, acteurs et partenaires de la construction européenne

Les Quatre Moteurs posent très directement la question classiquement débattue sous l'expression relativement ambiguë d'"Europe des régions"[8].

S'il est bien clair que les régions sont devenues progressivement des acteurs importants de la construction européenne[9], cela n'autorise sans doute pas à imaginer, aujourd'hui, une "Europe des régions"[10], au même titre que l'on parle d'une Europe des États. Il faudrait pour cela que les régions, en tant que collectivités locales autonomes élues et responsables, existent dans tous les États européens, ce qui est loin d'être le cas[11] ; il faudrait également qu'elles jouent un rôle moteur dans la construction européenne, ce qui n'est pas non plus l'exact reflet de la situation actuelle. L'Europe de cette fin de vingtième siècle apparaît plutôt comme un puzzle dans lequel des territoires de différente nature, communes, structures supra-communales, départements (ou provinces), régions (ou Länder), sont étroitement imbriqués. En outre, dans la plupart des États, unitaires ou fédéraux, les financements croisés viennent brouiller plus encore la visibilité et limiter sensiblement l'autonomie de chacun des acteurs, qu'ils se situent aux niveaux européen, national, régional, départemental (ou provincial) et local[12]. Pourtant, là encore, des progrès notables ont été accomplis, avec

8. Granrut Claude du, *Europe, le temps des Régions*, Paris, LGDJ, 1994, 204 p. (Décentralisation et développement local).
9. Negrier Emmanuel et Jouve Bernard (sous la dir. de), *Que gouvernent les régions d'Europe ? : échanges politiques et mobilisations régionales*, Paris, l'Harmattan, 1998, 335 p. (Logiques Politiques).
10. Labasse Jean, *L'Europe des régions*, Paris, Flammarion, 1991, 432 p.(Géographes) ; Drevet Jean-François, *La France et l'Europe des Régions*, Paris, Syros, 1992, 235 p.
11. Charpentier Jean, Engel Christian, *Les régions de l'espace communautaire*, Nancy, Presses Universitaires de Nancy, 1992, 284 p.
12. Delcamp Alain, *Les institutions locales en Europe*, Paris, PUF, 1990 (Que Sais-Je ? ; 2559) et également Delcamp Alain (sous la dir. de), *Les collectivités décentralisées de l'Union européenne*, Paris, La Documentation française, Notes et Études documentaires, 1995, 369 p.

notamment la création du Comité des régions[13] institué par le traité de Maastricht de 1992. Dès lors, et plutôt que de reprendre à notre compte cette expression simplificatrice d'"Europe des régions", nous lui préférons celle d'"Europe par les régions", illustrant ainsi plus clairement que l'Europe des États doit désormais prolonger cette construction, y compris dans sa nouvelle phase d'élargissement, avec et par les régions. C'est vraisemblablement à ce prix que les institutions européennes se rapprocheront du citoyen et que le déficit démocratique, si souvent dénoncé, se réduira. Au reste, dans le cadre des réformes à engager pour le développement des institutions européennes avant de nouveaux élargissements aux pays d'Europe centrale et orientale notamment, il serait certainement opportun de réfléchir, comme le suggère depuis de longues années le Congrès des Pouvoirs Locaux et Régionaux de l'Europe (CPLRE) du Conseil de l'Europe, à la création d'une Chambre ou d'un Sénat des régions dont les contours, les pouvoirs et les compétences restent à préciser.

Les Quatre Moteurs peuvent, à cet égard, devenir une expérience et une référence particulièrement importantes pour la construction d'une "Europe du quotidien", selon une expression stimulante utilisée dans la région Rhône-Alpes. Notons d'ailleurs que la coopération multilatérale s'intitule "Quatre moteurs pour l'Europe" et non "Quatre moteurs de l'Europe". Le distinguo est important, car il insiste sur le fait que les régions, à leur niveau, ont vocation à participer pleinement à la construction de l'Europe, alors que jusque là, elles étaient, sauf dans le cas des États fédéraux, des structures relativement peu actives. Les régions partenaires se définissent ainsi, non seulement comme des "moteurs" de la construction européenne, mais surtout comme les moteurs d'une nouvelle ère de cette construction.

Il est bien vrai qu'à la fin du XXe siècle, la question européenne ne se pose plus du tout dans les mêmes termes que ceux qui ont présidé à la naissance de la Communauté Économique Européenne, issue du Traité de Rome de 1957[14].

Des élargissements successifs ont fait passer l'Europe de six à neuf, puis à dix, à douze et, aujourd'hui à quinze États. Chacun de ces élargissements à eu ses spécificités et ses conséquences particulières, apportant de nouveaux potentiels mais aussi de nouvelles contraintes, notamment en ce qui concerne la question des déséquilibres régionaux en Europe.

Dans les années à venir, ce sont les Pays d'Europe centrale et orientale, candidats à l'adhésion, qui vont profondément modifier les règles de fonctionnement de l'Union européenne[15], et introduire de nouveaux déséquilibres régionaux dans une Europe déjà très hétérogène, malgré la mise en place et les réformes successives des Fonds structurels.

---

13. Bourrinet Jacques, *Le comité des régions de l'Union européenne*, Aix-en-Provence, Centre d'études et de recherches internationales et communautaires, Paris, Economica, 1997, 305 p. (Coopération et développement).
14. Doutriaux Yves et Lequesne Christian, *Les institutions de l'Union Européenne*, Paris, La Documentation française, 1998, 160 p. (Réflexe Europe).
15. Lepesant Gilles, *Géopolitique des frontières orientales de l'Allemagne : les implications de l'élargissement de l'Union Européenne*, Paris, L'Harmattan, 1998, 265 p. (Pays de l'Est).

La construction des identités régionales en Europe

Le second enjeu de cette coopération concerne la question des identités en Europe[16]. En effet, les Quatre Moteurs sont porteurs d'identités régionales et locales fort différentes. La Catalogne, avec son histoire, sa langue, sa culture, son folklore et son statut d'autonomie, s'impose à l'évidence comme l'une des régions d'Europe où l'identité et le sentiment d'appartenance sont les plus fortes[17]. D'ailleurs, pour certains, l'autonomie de la "Generalitat de Catalunya", reconnue par la Constitution espagnole de 1978, est encore trop limitée et entravée, dans sa mise en pratique quotidienne, par l'État central[18]. L'exemple récent du doublage des films castillans et étrangers en catalan en est une illustration éclatante, de même que la nouvelle loi sur le catalan votée par le Parlement régional. Le gouvernement de Catalogne souhaiterait également pouvoir récupérer intégralement les impôts et avoir la maîtrise complète des infrastructures sur son territoire. Sans remettre en cause le principe constitutionnel d'autonomie, il presse Madrid, année après année, pour que cette autonomie aille beaucoup plus loin que ce que le législateur a envisagé en 1978.

A l'opposé, la région Rhône-Alpes apparaît certainement beaucoup plus artificielle, sans véritable histoire partagée, région créée dans les années 1960 par l'État central dans un souci de rationalisation administrative et de performance économique. Constituée de huit départements forts différents, cette région est sans aucun doute, parmi les quatre partenaires, la plus hétérogène. Et pourtant, force est de constater qu'au fil des ans, une relative "identité rhônalpine" est en train d'émerger, sous-tendue par ses bons résultats économiques et par le positionnement résolument européen de la politique régionale. Toutefois, un budget relativement modeste, comparé à ceux de ses partenaires européens, et surtout des compétences notoirement plus limitées, affectent certainement les possibilités de développement du sentiment identitaire. Il est clair, à cet égard, qu'une accélération et un approfondissement de la décentralisation en France, donnant aux régions de nouvelles compétences et des moyens financiers accrus, permettraient sans aucun doute à la région Rhône-Alpes, de jouer un rôle européen et international plus en rapport avec ses ambitions et ses objectifs[19]. Outre sa participation aux Quatre Moteurs, la région Rhône-Alpes est membre de la COTRAO (Communauté de travail des Alpes occidentales) et a signé des accords de coopération avec le Mali, la Tunisie, le Québec et Shanghaï.

La Lombardie, au nord de l'Italie, a, comme la Catalogne, une longue histoire et sans aucun doute une très forte identité. Mais celle-ci paraît aujourd'hui plus fondée sur une sorte de

---

16. Dupoirier Élisabeth et Frognier André-Paul (sous la dir. de), *Les identités territoriales*, Revue internationale de Politique Comparée, vol. 5, n° 1, Paris. Bruxelles, De Boeck Université, 1998, 280 p.
17. Zimmermann Michel et Zimmermann Marie-Claire, *La Catalogne*, Paris, PUF, 1998, 127 p. (Que sais-je ?; 2426).
18. Conversi Daniele, *The Basques, the Catalans and Spain*. Alternative Routes to Political Mobilisation, London, C. Hurst & Co, 1997.
19. Reboud Louis (sous la dir. de), *L'intégration de Rhône-Alpes dans l'espace européen du XXIe siècle*, Programme pluriannuel en sciences humaines Rhône-Alpes, (PPSH) CNRS, Villeurbanne, 1991, 170 p.

prééminence financière (la bourse de Milan) et économique (le tissu de PME-PMI performantes) de la région que sur des valeurs communes et un très fort sentiment d'appartenance. De plus, les incessantes crises politiques qui l'affectent et le contrôle des finances régionales par le pouvoir central, limitent de façon importante le rôle spécifique de la région par rapport à celui des villes, grandes ou moyennes, et singulièrement à celui de Milan[20]. Enfin, le débat lancé par Umberto Bossi dans les années 1980 et 1990, et ses prises de position en faveur d'une "Padanie" indépendante, ont certainement entraîné un certain nombre d'effets contradictoires sur la construction identitaire de la Lombardie. Malgré ses ambiguïtés et ses contractions, la Ligue-Nord a eu le grand mérite d'obliger l'ensemble de la classe politique italienne, mise à mal par l'opération "Mains propres", à se remettre en question et à poser sans détour la question du passage au fédéralisme d'une Italie qui ne parvient pas à résoudre le problème récurrent d'un Sud à la dérive et d'un État fragilisé par les crises morales et politiques[21].

Enfin, le Bade-Wurtemberg, Land du sud-ouest de l'Allemagne, issu du rassemblement voté par référendum en 1951 et entré en fonction en 1952, de trois petits Länder, est l'illustration d'une construction identitaire forte, facilitée par une Constitution fédérale[22] d'une part, et de remarquables résultats économiques d'autre part. Même si certaines tensions semblent aujourd'hui subsister entre les habitants du Bade et ceux du Wurtemberg, l'image d'une région forte et prospère l'emporte sans aucun doute sur toute autre considération.

La structure des États et l'évolution de la décentralisation en Europe

Le troisième enjeu de cette coopération est lié à la question de la structure des États européens et à l'avenir de la décentralisation en Europe. En effet, les rapports entre les régions et les États varient considérablement selon qu'il s'agit d'États fédéraux ou d'États unitaires.

Dans les premiers, le terme "région" pose un réel problème sémantique. Il s'agit en réalité d'États fédérés, comme les Länder allemands ou autrichiens ou les cantons suisses par exemple, et non de "régions" au sens français ou italien du terme[23]. Par facilité, et certainement abus de langage, l'on a tendance à utiliser indifféremment le terme "région" pour désigner en Europe le premier niveau infra-étatique[24]. Or il est bien évident que le statut, les compétences, les pouvoirs, et surtout la légitimité politique des États fédérés au sein d'une État fédéral sont d'une nature et d'une essence très différentes de ce que peuvent être les régions dans un État unitaire. Alors que dans le premier cas, la souveraineté provient à la fois de la Fédération et des États fédérés, celle-ci trouve son origine fondamentale dans l'État central dans le second. Même fortement décentralisé ou régionalisé, comme en Espagne ou

20. McCarthy Patrick, *L'Italie dans la tourmente*, Paris, Presses de Sciences Po, 1995, 272 p.
21. Diamanti Ilvo, *L'Italie, une nation en suspens*, Bruxelles, Éditions Complexe, 1995, 159 p.
22. Gougeon Jean-Pierre, *L'Allemagne d'aujourd'hui*, Paris, Vigot, 1998, 140 p. (Collection Essentiel).
23. Croisat Maurice, *Le fédéralisme dans les démocraties contemporaines*, Paris, Montchrestien, 1992, 156 p. (Clefs. Politique).
24. Delcamp Alain (sous la dir. de), *Les collectivités décentralisées de l'Union européenne*, Paris, La Documentation française, Notes et Études documentaires, 1995, 369 p.

en Italie par exemple, l'État conserve alors la maîtrise du jeu politique et des décisions structurantes, notamment financières et fiscales, alors qu'il les partage obligatoirement dans le cas des États fédéraux.

De ce point de vue, la coopération des Quatre Moteurs fait apparaître une asymétrie très forte entre le Bade-Wurtemberg d'une part, Rhône-Alpes et la Lombardie d'autre part. A mi-chemin, et bien que figurant constitutionnellement dans un État unitaire, la Catalogne ressemble à s'y méprendre, dans son fonctionnement, ses attributions et ses fonctions symboliques, à un État fédéré, comparable à un Land allemand par exemple. Ainsi, comme au Bade-Wurtemberg, la Catalogne dispose de compétences exclusives et de compétences partagées avec l'État.

Il est néanmoins évident que les Länder allemands jouissent de prérogatives substantiellement supérieures à celles des régions espagnoles, italiennes ou françaises, dans leur représentation institutionnelle auprès des institutions européennes et notamment de la Commission européenne et du Conseil.

Au total, la coopération des Quatre Moteurs pose indirectement la question de la forme future que prendra la construction européenne[25]. Insistons néanmoins sur le fait que cette asymétrie institutionnelle ne gêne pas véritablement le bon fonctionnement de la coopération multilatérale, mais en ralentit parfois le rythme et en limite la portée, dans certains cas assez rares au demeurant, où les compétences respectives sont trop disparates.

Les Quatre Moteurs, laboratoire expérimental des coopérations interrégionales en Europe

Enfin, le quatrième et non le moindre des enjeux des Quatre Moteurs tient à la spécificité et à l'originalité de cette coopération multilatérale, à savoir un choix volontaire de régions européennes qui n'ont ni frontières, ni histoires, ni langues, ni institutions communes. A la différence des coopérations transfrontalières[26], qui se développent actuellement dans le cadre du programme européen INTERREG, et qui ont un certain caractère d'automaticité, cette coopération multilatérale ne demeure vivace que par la volonté soutenue et continue de ses partenaires. Malgré les handicaps que peuvent représenter les distances d'une région à l'autre, les cinq langues utilisées, l'allemand, le catalan, l'italien, le français — et l'anglais lorsque l'0ntario et le Pays de Galles sont concernés —, cette coopération ne s'est pas essoufflée au cours des dix dernières années, et fourmille de projets pour les années à venir.

25. Croisat Maurice, Quermonne Jean-Louis, *L'Europe et le fédéralisme*. Contribution à l'émergence d'un fédéralisme intergouvernemental, Paris, Montchrestien, 1996, 158 p. (Clefs. Politique), et aussi : Ammon Günther (sous la dir. de), *Fédéralisme et centralisme : l'avenir de l'Europe entre le modèle allemand et le modèle français*, Paris, Economica, 1998, 202 p. (Politique comparée).

26. Balme Richard (sous la dir. de), *Les politiques du néo-régionalisme : action collective régionale et globalisation*, Paris, Economica, 1996, 301 p. (Politique comparée).

Des relations régulières et souvent amicales se sont nouées entre les partenaires, qu'il s'agisse des hauts fonctionnaires, des élus, des universitaires et de tous ceux qui, depuis 1988, ont donné un sens et une âme à ces "Quatre moteurs pour l'Europe"[27].

L'un des aspects les plus remarquables de cette coopération tient certainement à sa longévité et à la permanence des principaux responsables, aussi bien élus que hauts fonctionnaires qui ont appris à se connaître et à prendre en compte les habitudes de fonctionnement et de gestion des dossiers des partenaires.

Contrairement à ce que l'on pourrait penser, à la suite d'une observation superficielle de cette coopération, les différences très considérables de budgets des régions partenaires ne constituent pas une réelle difficulté, car les marges de manœuvre de politiques régionales sont finalement sensiblement identiques. Ce qui demeure essentiel, c'est bien, pour les Quatre Moteurs la volonté de poursuivre l'expérience et d'être, selon la belle formule d'un de nos interlocuteurs "un accoucheur de potentialités". C'est aussi la capacité d'innovation dans les coopérations en acceptant de commencer par des coopérations bilatérales, parfois modestes, qui deviennent multilatérales et plus ambitieuses au vu des expériences menées et évaluées par des experts.

Enfin, dernier argument en terme de "laboratoire expérimental", l'idée selon laquelle les régions riches et dynamiques de l'Europe[28] pouvaient servir de locomotives et de "moteurs" pour aider les régions plus faibles à se développer, s'est progressivement imposée. La Commission européenne, qui au départ s'inquiétait de la formation d'un possible "club des riches", a désormais conscience que les Quatre Moteurs apportent une contribution non négligeable au développement régional en Europe, bien au-delà de leurs seuls intérêts.

Après cette évocation des enjeux du Quadrige européen, il convient d'ouvrir le grand livre des réalisations, en ne retenant ici que les faits les plus saillants. Trois idées fortes nous ont guidé pour l'organisation et la présentation de ce bilan.

En premier lieu, essayer de comprendre comment la coopération a débuté, quels obstacles ont du être affrontés et surmontés, quels projets à moyen et long terme mis en place ou envisagés. Ce sera l'objet de la première partie : "Les Moteurs au démarrage".

Ensuite, il nous a paru inévitable, même si l'exercice pourra sembler quelque peu fastidieux, de donner à lire les principales réalisations des régions partenaires, qui ont su être tout à la fois, inventives et persévérantes. Nous avons décidé, pour coller au plus près du travail entrepris depuis dix ans, de conserver la structure des activités en Commissions et Groupes de travail. Ces éléments informatifs se retrouveront dans la deuxième partie : "Les Moteurs en action."

---

27. Kukawka Pierre, *Le Quadrige européen, ou l'Europe par les régions*, in Balme Richard, *Les politiques du néo-régionalisme*, *op. cit.*, pp. 91-106.
28. Benko Georges et Lipietz Alain (sous la dir. de), *Les régions qui gagnent. Districts et réseaux : les nouveaux paradigmes de la géographie économique*, Paris, PUF, 1992, 424 p (Économie en liberté).

Enfin, il nous a paru indispensable de montrer comment, au fil des années, les Quatre Moteurs ont dessiné une sorte de philosophie commune de la coopération interrégionale en Europe, apportant des perspectives nouvelles et des interrogations stimulantes pour tous ceux que préoccupent la construction européenne et son évolution. Il convenait également de donner un rapide éclairage sur les dimensions géographiques, économiques et institutionnelles des régions partenaires. Ce sera l'objet de la troisième partie : "Les Moteurs sous les projecteurs".

Première partie

Les Moteurs au démarrage

QUATRE MOTEURS POUR L'EUROPE

Nous souhaitons ici présenter les premiers pas de la coopération multilatérale en rappelant successivement les grands traits du memorandum de septembre 1988 fondant les Quatre moteurs (chapitre I), la naissance des groupes de travail (chapitre II), l'organisation de l'Exposition commune des Quatre moteurs (chapitre III) et enfin la mise en place progressive des "Quatre moteurs pour l'Europe" (chapitre IV).

I. L'ACTE FONDATEUR D'UNE COOPÉRATION ORIGINALE

Tout commence le 17 juin 1986, quelques mois après les premières élections régionales en France[29], lorsqu'une délégation du Bade-Wurtemberg conduite par le ministre-président du Bade-Wurtemberg, Lothar Späth, est reçue au Conseil régional Rhône-Alpes à Charbonnières, par le président Charles Béraudier. Le Bade-Wurtemberg a très vite pris conscience que les lois de décentralisation de 1982-1983 en France, et les élections régionales au suffrage universel, ouvraient de nouvelles perspectives aux coopérations entre Länder allemands et régions françaises. En effet, jusqu'à cette date, la coopération transfrontalière entre l'Allemagne et l'Alsace était restée modeste du fait du refus du gouvernement français d'accorder des compétences aux régions françaises en matière de coopération transfrontalière. Le Quai d'Orsay[30] émettait des réserves quant à la possibilité pour les régions françaises d'amorcer une sorte de "diplomatie régionale" qui pourrait entrer en concurrence avec la politique française de relations internationales.

Pour le ministre-président du Land, le très influent et médiatique Lothar Späth, l'avènement des régions en Europe devait intervenir d'autant plus fortement et rapidement que la Communauté européenne avait de plus en plus de pouvoirs et de compétences au détriment des États-nations, et dans une certaine mesure, des Länder allemands. Pour éviter que tout ne soit progressivement organisé et régi depuis Bruxelles, Lothar Späth considérait que la Communauté européenne devait développer un deuxième niveau de gouvernement, représenté par les régions, estimant que les États-nations étaient en situation de déclin, certes lent mais inéluctable, en Europe. Or la notion même de région était à cette époque d'autant plus problématique qu'en Allemagne, notamment, les Länder ne pouvaient être identifiés à des régions, puisqu'il s'agissait bien d'États fédérés souverains. Dès lors, le ministre-président était à la recherche de régions fortes en Europe pour montrer d'une part que le niveau régional pouvait jouer un rôle décisif dans la construction européenne et d'autre part que ces mêmes régions fortes pourraient servir de locomotives pour aider les régions plus faibles et moins développées. Cette position se situait pratiquement à l'opposé de celle exprimée par Bruxelles qui considérait que l'essentiel des efforts communautaires devait porter exclusi-

29. 16 mars 1986.
30. Ministère des Affaires Etrangères.

vement sur les régions en retard de développement, sans que les régions les plus fortes continuent leur essor, afin que les écarts se réduisent progressivement.

Malgré une marge de manœuvre des plus étroites, Lothar Späth et Charles Béraudier signent une "déclaration commune" entre le Bade-Wurtemberg et Rhône-Alpes. A cette occasion, le président Béraudier, résistant sous l'occupation allemande pendant la deuxième guerre mondiale déclare : "Pour l'avenir de nos pays et de la jeunesse, il est important qu'un Français du temps de la guerre puisse signer et réaliser des projets communs pour l'avenir avec un Allemand de l'après-guerre". Lothar Späth pour sa part souligne que la dynamique de coopération entre le Bade-Wurtemberg et Rhône-Alpes "donne le rythme pour une coopération européenne d'un nouveau genre." Selon lui, le processus d'intégration européenne peut être porté par des régions qui entretiennent déjà des liens étroits et qui ont des structures comparables au niveau technologique. Il est l'un des premiers responsables politiques à parler "d'Europe des régions".

Les deux présidents soulignent les points communs des deux régions : un tissu de petites et moyennes entreprises très développé, des sociétés industrielles et commerciales d'envergure internationale, un commerce extérieur supérieur à la moyenne nationale, un secteur performant de construction mécanique, une industrie électrotechnique reconnue et de forts potentiels en matière de recherche et de technologie.

Au moment de sa visite en Rhône-Alpes, la presse allemande s'inquiète de l'attitude de Lothar Späth, lui reprochant de mettre en place une "Europe à deux vitesses." Ceci amène les deux présidents à multiplier les explications sur cette démarche commune et originale. Charles Béraudier rassure le gouvernement français en précisant qu'il ne s'agissait ni de concurrencer les gouvernements nationaux, ni les partenariats déjà existants. Le travail, ajoutait-il, devait commencer au moyen de projets concrets et sans nouvelles structures bureaucratiques, tels que des expositions communes, des échanges de fonctionnaires, de stagiaires, ou encore des programmes de développement des petites et moyennes entreprises. Selon Lothar Späth, "il s'agit de développer ensemble des perspectives régionales à long terme qui peuvent donner des impulsions au niveau national et qui, par l'intermédiaire de petites unités en Europe, peut donner un nouveau coup de pouce à une union européenne."

Au cours d'un repas dans l'un des restaurants les plus prestigieux de la région dirigé par le chef Paul Bocuse, Charles Béraudier fait part à Lothar Späth d'une autre région qui serait disposée à compléter cette alliance à deux, la Catalogne, avec à sa tête le président Jordi Pujol. Le ministre-président approuve la proposition et ajoute que le président de la République italienne, M. Francesco Cossiga, lui avait proposé la Lombardie comme partenaire potentiel d'une coopération interrégionale plus étroite. Les deux présidents s'accordent pour considérer que désormais les régions devraient suivre la voie de la coopération internationale comme l'avaient déjà fait des scientifiques de leurs deux régions.

Pour la Lombardie, c'était une initiative importante pour ancrer cette puissante région du Nord de l'Italie dans le développement majeur de l'Europe que la DATAR[31] évoquait alors

31. Délégation à l'aménagement du territoire et à l'action régionale, créée en France en 1963.

sous le terme imagé de “banane bleue”, partant du Sud-Est de l’Angleterre, et aboutissant, à travers les Pays-Bas, la Belgique, l’Allemagne, la Suisse et l’Est de la France à la capitale lombarde, Milan.

Les deux présidents, du Bade-Wurtemberg et de Rhône-Alpes, étaient dès le départ conscients que cette coopération d’un nouveau genre se heurterait sans doute à la diversité des structures constitutionnelles et des compétences régionales. Ils insistaient néanmoins sur le fait qu’au-delà de ces différences, un principe commun réunissait les quatre régions : la représentation démocratique au niveau régional.

Pour le président de la région Rhône-Alpes, dont le Conseil régional avait été élu pour la première fois au suffrage universel en mars 1986, cette série d’accords bilatéraux conclue entre 1986 et 1988 et l’accord multilatéral de 1988 était incontestablement un signal fort, en direction de l’État central, de sa capacité à mener une politique ambitieuse de relations internationales et son intégration parmi les régions les plus fortes d’Europe, malgré des compétences et un budget notoirement inférieurs à ceux des régions partenaires.

Lors d’une visite à Barcelone en 1988, Lothar Späth évoquant la future coopération multilatérale déclare : “J’ai rassuré votre roi en lui disant que les moteurs ne projettent aucune sécession entre la Catalogne et le royaume d’Espagne”. Pour le président Pujol, l’idée pour la Catalogne de rejoindre les moteurs est une chance pour l’Espagne de développer le modèle fédéral de l’Allemagne, plaidant pour un affaiblissement des États nationaux qui devront progressivement abandonner leurs compétence en faveur de Bruxelles et des régions.

Pour le président de la Communauté autonome de Catalogne, M. Jordi Pujol, cette coopération privilégiée positionnait résolument la Catalogne dans le concert des grandes régions européennes et permettait de donner une visibilité et une légitimité aux efforts de politique extérieure de la région.

Dans l’esprit du ministre-président du Bade-Wurtemberg, les Quatre Moteurs auraient pu préfigurer une “mini communauté européenne”, évoquant un moment l’idée que d’autres régions européenne, comme la province belge des Flandres ou la région portugaise Centre du Portugal (Regiao do Centro), les rejoignent. Mais d’une part, il semble qu’il se soit heurté aux résistances rhônalpines pour la première proposition et catalane pour la seconde. Et d’autre part, avec ses trois partenaires, il a très vite considéré qu’il y avait un risque de dilution et de dispersion de cette expérience qui avait tout son sens si elle démontrait ses capacités à intervenir, au sein des États des quatre régions et au niveau européen, en tant qu’acteurs de la construction européenne. Pour ce faire, il convenait de ne pas être trop nombreux et de ne pas ajouter de nouvelles contraintes à celles qui pouvaient déjà exister à quatre partenaires : langues, distances, pratiques administratives, réseaux de relations interpersonnelles, etc. La démonstration devait être d’autant plus probante que depuis le 1er juillet 1987 entrait en vigueur l’Acte unique européen, synonyme d’une accélération de l’intégration européenne. C’est ce qui explique que l’expérience ne se soit pas ouverte à d’autres régions européennes. Un cas particulier a néanmoins été proposé : le Pays de Galles.

En effet, le ministre du Pays de Galles dans le gouvernement de Margaret Thatcher, Peter Walker, souhaitait signer une déclaration commune avec le Bade-Wurtemberg. Or, à la même époque, Mme Thatcher était de plus en plus intransigeante et refusait avec la dernière énergie de faire un pas en direction d'une éventuelle union européenne. Lors d'une visite au Pays de Galles en 1987, Lothar Späth a pu constater l'ampleur des restructurations économiques dans cette région, avec des projets très ambitieux, comme par exemple l'assainissement des docks, et surtout des secteurs industriels dynamiques, la biotechnologie et l'automobile notamment. En outre, les aides à l'investissement étaient déjà importantes, et la main-d'œuvre de plus en plus qualifiée. Le Pays de Galles était également l'une des régions britanniques accueillant le plus d'investisseurs étrangers : plus de 20 % des investissements étrangers arrivant en Grande-Bretagne aboutissaient finalement au Pays de Galles. Pour toutes ces raisons, le Bade-Wurtemberg a finalement décidé de signer un accord de coopération bilatérale avec le Pays de Galles, ce qui expliquera la participation ponctuelle du Pays de Galles à certains programmes importants des Quatre Moteurs.

Le ministre-président du Bade-Wurtemberg évoque à cette période le projet des Quatre Moteurs avec Jacques Delors, président de la Commission européenne. Ce dernier s'inquiète en effet d'une coopération qu'il assimile à un "club des riches" au moment où la politique régionale communautaire tente de réduire l'écart entre régions riches et régions faibles par la réforme des fonds structurels de 1988. Lothar Späth soutient que la politique européenne ne doit pas seulement se concentrer sur les régions faibles et que les régions riches doivent se développer à partir de leurs propres forces, Bruxelles devant concentrer ses efforts pour créer, dans tous les domaines, des infrastructures européennes qui puissent soutenir le développement régional.

C'est donc le 9 septembre 1988 qu'un mémorandum est signé par les quatre présidents, fixant ainsi les objectifs prioritaires de leur coopération multilatérale. Rappelons brièvement que cet accord multilatéral est la résultante d'une série d'accords bilatéraux.

Le premier d'entre eux est signé le 17 juin 1986. Il s'agit d'un accord de coopération entre le Bade-Wurtemberg et Rhône-Alpes, qui indique que "la coopération entre les régions est un élément important de la construction de l'Europe", précisant que les régions "incarnent la multiplicité et le dynamisme de l'Europe par le développement des rapports étroits qu'elles favorisent entre institutions démocratiques et les forces vives de la recherche et de la vie économique et culturelle." L'accord de coopération souligne l'importance des secteurs de la technologie, de la recherche, des transferts de technologies nouvelles, de la coopération économique, plus particulièrement entre les petites et moyennes entreprises, de la formation initiale et continue, et enfin de l'échange des jeunes et de la culture.

Puis suit toute une série d'accords bilatéraux :

- 9 avril 1987 : accord de coopération entre Rhône-Alpes et la Lombardie,
- 27 mai 1987 : accord de coopération entre le Bade-Wurtemberg et la Catalogne,
- 8 février 1988 : accord de travail concernant la formation professionnelle entre le Bade-Wurtemberg et la Catalogne,
- 1er mars 1988 : accord de coopération entre la Catalogne et la Lombardie,

- 24 mars 1988 : accord de coopération et protocole de travail en matière de sciences et technologie entre Rhône-Alpes et la Catalogne,
- 30 mai 1988 : accord de coopération entre le Bade-Wurtemberg et la Lombardie,
- 1er septembre 1988 : accord de travail dans le secteur de l'agriculture entre Rhône-Alpes et la Lombardie.

Après la signature du mémorandum de septembre 1988, une dernière série d'accords bilatéraux sera signée entre les régions partenaires :

- 3 novembre 1988 : formalisation de l'accord de coopération entre le Bade-Wurtemberg et la Catalogne
- 20 juin 1989 : accord de travail dans le domaine culturel entre le Bade-Wurtemberg et la Catalogne,
- 13 novembre 1989 : accord de travail dans le domaine culturel entre le Bade-Wurtemberg et Rhône-Alpes.

Cette série d'accords bilatéraux et l'accord multilatéral indiquent clairement l'originalité et l'ambition de cette coopération d'un type nouveau. L'originalité tient à la volonté de ces grandes régions de trouver ensemble des synergies, des complémentarités entre des partenaires que rien, jusque là, ne poussait à coopérer. Quant à l'ambition, on la décèle aisément à travers les thèmes évoqués dans l'ensemble des accords, qu'il s'agisse de recherche, d'enseignement supérieur, de transfert de technologie, d'infrastructures de communication, d'économie ou de culture.

Le mémorandum du 9 septembre 1988 précise en préambule qu'il s'inscrit dans la lignée de la "Déclaration solennelle d'Union européenne" signée à Stuttgart en juin 1983 par les chefs d'État et de Gouvernement des pays membres de la Communauté Européenne. Il souligne très explicitement la volonté des quatre régions de participer, au plan régional, à la réalisation de cet objectif.

Les quatre régions se sont mis d'accord sur deux grands points :

1) En complément de leurs coopérations bilatérales respectives, elles décident de former un groupe de concertation informel, sans caractère institutionnel.

2) Dans le cadre de ce groupe de concertation, elles indiquent qu'elles poursuivront les objectifs suivants :

- L'amélioration des infrastructures entre les régions, en particulier dans le domaine des communications et des télécommunication
- L'approfondissement de la coopération dans les domaines de la recherche et des technologies.
- La réalisation d'un projet commun d'une exposition "Quatre moteurs pour l'Europe". Le calendrier de présentation de l'exposition est précisé :
  - Milan : Foire Internationale, avril 1990
  - Barcelone : Foire Internationale, avril 1990
  - Stuttgart : Foire Internationale, janvier 1991
  - Lyon : Foire Internationale, avril 1991

Le mémorandum précise que cette présentation commune doit contribuer à mettre en contact les habitants des quatre régions et à renforcer la connaissance et la compréhension que chacune d'elles a des autres :
"Par là même, ce projet apporte une contribution notable au renforcement de la Communauté Européenne et constitue une étape importante pour la réalisation du marché unique de 1992".

Il convient de rappeler qu'un cinquième partenaire est venu rejoindre les Quatre Moteurs. Il s'agit de la province canadienne de l'Ontario qui, en organisant "Interrégion 90" en juin 1990 à Toronto, a souhaité se rapprocher des Quatre Moteurs. De très nombreux contacts ont été noués à cette occasion entre les responsables du monde des affaires, de la culture, de l'environnement et de l'enseignement de l'Ontario et plus de cent délégués qui accompagnaient les quatre présidents des régions partenaires. L'Ontario travaillait de façon informelle depuis 1987 avec les Quatre Moteurs et le Premier ministre David Peterson a signé officiellement le 25 juin 1990, au cours de la séance de clôture d'Interrégion 90 une Déclaration de partenariat. De fait, l'Ontario est la première région non européenne à avoir noué des relations officielles et suivies avec les Quatre Moteurs.

Le protocole d'accord souligne que les cinq gouvernements ont décidé de renforcer leurs relations en vue d'aider les hommes d'affaires et les autres organisations à développer des liens profitables et des alliances tactiques. Le premier ministre de l'Ontario a ainsi déclaré : "Nous pensons que ces relations régionales nous mettent sur la voie du futur. Le rôle de nos gouvernements est simplement celui de courtiers pour ce qui concerne le secteur privé. Nous allons construire des passerelles en Amérique du Nord pour les hommes d'affaires européens, les artistes, les étudiants et les chercheurs. En retour, les Quatre Moteurs aideront directement l'Ontario à élargir les contacts fructueux qu'ils ont en Europe occidentale et à accroître leurs marchés en Europe de l'Est." Le communiqué de presse conjoint[32] rappelle que les réunions d'Interrégion 90 sont considérées comme étant particulièrement opportunes étant donné que les Quatre Moteurs et l'Ontario sont des portes d'accès vitales et utiles pour chacun d'entre eux sur leurs marchés respectifs. La dynamique de l'Europe de 1992, le développement de nouvelles économies en Europe de l'Est et l'accord de libre-échange Canada-Etats-Unis rendent ces réunions d'autant plus opportunes. Les projets de coopération figurant dans le mémorandum concernant cinq grands secteurs : les initiatives commerciales, le projet de "Téléprésence" (stations interactives ordinateur-vidéo travaillant ensemble sur grande distance), les initiatives en matières d'environnement, les initiatives culturelles et les initiatives en matière d'enseignement supérieur, de formation et de recherche.

Le démarrage Quatre Moteurs a été intensif et très pragmatique, organisé autour de la réflexion et de l'activité des groupes de travail mis en place qui fonctionnaient par eux-mêmes, sans véritable souci de coordination. Au fil des mois et des années, les Quatre Moteurs ont fait évoluer leur coopération dans un sens plus ambitieux et plus fonctionnel.
Les régions partenaires ont progressivement élargi leur collaboration à de nouveaux domaines : les objectifs prioritaires initiaux se sont ouverts à l'environnement, la formation professionnelle, au développement économique, à l'agriculture, la politique sociale, la jeunesse et les sports.

---

32. Communiqué de presse conjoint du 25 juin 1990.

Parallèlement à cet élargissement des domaines de compétence, les quatre partenaires se sont peu à peu structurés pour répondre aux besoins de cette extension et les onze groupes de travail ont été regroupés, sur proposition de Rhône-Alpes, en quatre grandes Commissions placées chacune sous la responsabilité d'une région partenaire :

- la commission "Enseignement et jeunesse" sous la responsabilité du Bade-Wurtemberg
- la commission "Culture et affaires sociales" sous la responsabilité de la Catalogne
- la commission "Économie" sous la responsabilité de la Lombardie
- la commission "Aménagement du territoire" sous la responsabilité de Rhône-Alpes.

II. La naissance des groupes de travail

C'est lors de la Rencontre des présidents à Milan, le 10 octobre 1991, que l'on a, pour la première fois, présenté de façon systématique le travail réalisé par les groupes de travail mis en place en 1989 et 1990. Le document rédigé par la région invitante, la Lombardie, est très précieux pour comprendre comment sont nés ces groupes et les objectifs qu'ils se sont fixés au départ[33].

1. Le groupe de travail “Art et culture”

Le rapport du groupe de travail “Art et culture” adopté le 19 septembre 1991 à Milan et présenté à la Conférence des Présidents à Milan en octobre 1991, est, à cet égard, particulièrement intéressant. Il nous éclaire en effet sur l'organisation de la partie culturelle de l'exposition des “Quatre Moteurs”, et surtout il nous permet de comprendre dans quelles dispositions d'esprit se trouvaient les partenaires régionaux au tout début de leur coopération. Ainsi qu'on pourra le constater, les membres du groupe de travail avaient parfaitement conscience des potentialités de la coopération, mais également des efforts et des difficultés qu'une telle collaboration impliquait.

C'est au Bade-Wurtemberg qu'a été confiée la responsabilité de la partie culturelle de l'exposition. Le groupe de travail “Art et culture” a, lors de sa réunion constituante, retenu pour le projet d'exposition les objectifs suivants :
- confirmer la volonté des régions des Quatre Moteurs de collaborer et de présenter l'exposition à un large public
- se présenter mutuellement et apprendre à connaître les développements culturels chez les partenaires
- montrer les domaines possibles de coopération
- suggérer conjointement les nouveaux développements éventuels et encourager le public à apporter son concours à ces objectifs culturels communs.

L'étendue et les principales activités de la vie culturelle devaient être présentées avec la même importance, en tenant compte des évolutions innovatrices dans le domaine de l'art et de la diversité des cultures dans les différentes régions.

Le groupe de travail a choisi comme thèmes principaux de l'exposition la danse et le théâtre (sous la responsabilité du Bade-Wurtemberg), la musique (sous la responsabilité de la

33. Nous ne disposons malheureusement pas des compte-rendus exhaustifs de tous les groupes de travail, ce qui explique que nous ne mettrons l'accent uniquement que sur certains d'entre eux.

Lombardie) et l'architecture (sous la responsabilité de la Catalogne). Il a été décidé que la région responsable d'un thème se chargerait de la conception d'ensemble et demanderait aux partenaires de lui fournir les apports correspondants.

L'élaboration des différents thèmes a permis d'amorcer une coopération entre les partenaires, axée sur l'objectif concret de la présentation commune des régions lors de l'exposition. Cela a permis de souligner les différences entre les régions, tant au niveau des compétences, des formes d'organisation de l'administration, qu'à celui des financements.

Le bilan que tire le groupe de travail de cette partie de l'exposition est relativement contrasté. Elle a, en effet, remporté un succès relativement important auprès du public, mais le groupe de travail a eu l'impression que la déclaration fondamentale de coopération future n'a pas été une totale réussite. Cela tient en partie au fait que, pour des raisons financières, on a dû renoncer aux présentations communes de médias audiovisuels et à des présentations de groupes d'artistes des différentes régions partenaires.

Néanmoins, le groupe de travail considère que globalement l'exposition a été un début réussi pour la collaboration interrégionale dans le domaine de la culture. Elle a montré que des formes plus efficaces devaient être trouvées à l'avenir dans le domaine de la culture, ce qui impliquait un temps de préparation plus long et de faire participer sur une base plus large les différents artistes, ensembles et dirigeants des institutions culturelles aux négociations.

Afin de mettre à jour les différentes conditions préalables à une coopération culturelle des partenaires régionaux, la région Rhône-Alpes a commandé une étude de sciences humaines des pratiques en matière culturelle des Quatre Moteurs. L'étude a été élaborée par le CERAT de l'Université Pierre Mendès-France de Grenoble, sur la base d'entretiens oraux réalisés dans les régions partenaires, et présentée à Lyon le 13 avril 1991.

Auparavant, le 25 juin 1990, les présidents avaient décidé, par contrat, à Toronto, l'adhésion de l'Ontario à la communauté de travail des Quatre Moteurs. Le groupe de travail s'est réuni à Barcelone, le 25 octobre 1990, sous la présidence de la Catalogne, en tant que groupe de travail permanent "Art et culture".

Dans la déclaration commune des présidents, à Toronto, mission lui a été confiée de développer les relations culturelles "en promouvant les échanges culturels et la collaboration".

Des propositions concrètes ont été faites pour réaliser cet objectif :

- un échange de délégations
- une exposition commune d'art contemporain des cinq régions concernées, en tant qu'exposition itinérante, organisée tous les deux ans dans l'une des régions partenaires, la première exposition ayant lieu à Stuttgart, en 1992
- des rencontres culturelles et des conférences, à intervalles réguliers, dont les premières sont fixées à Lyon en 1991.

Afin de renforcer les liens culturels, le groupe de travail a suggéré un certain nombre de perspectives :

- améliorer la collaboration structurelle du groupe de travail, avec la suggestion de l'Ontario d'instituer un bureau commun pour transmettre les informations sur les échanges culturels entre les régions partenaires ;
- s'informer mutuellement sur les institutions culturelles : musées, théâtres, fondations, centres culturels, chœurs et orchestres, bibliothèques scientifiques et publiques, services d'archives et académies ;
- créer un événement culturel de haut niveau, début 1993, au début de l'unification européenne ;
- prévoir, dans le domaine du théâtre pour enfants et pour adolescents, une coopération interrégionale.
- échanger des informations dans le domaine de la littérature : il a été décidé que les régions partenaires se tiendraient mutuellement au courant des dernières nouveautés et productions littéraires. Il avait été envisagé de publier un journal d'informations commun sur la littérature contemporaine dans les langues des partenaires régionaux, mais cette idée s'est révélée irréaliste, étant donné son coût trop élevé et un lectorat trop faible par rapport à cette dépense.

S'agissant des perspectives, le groupe de travail a insisté sur les difficultés rencontrées dans la coopération entre les régions partenaires qui, précise le rapport, relevaient moins du domaine linguistique (il a été décidé que les langues utilisées dans les négociations seraient le français et l'allemand) que du domaine administratif, et de celui de la coopération des artistes.

2. Le groupe de travail "Environnement et territoire"

Ce groupe de travail, institué en 1990, a partagé ses activités entre quatre sous-groupes :

– *le sous-groupe "environnement naturel"* a créé un secrétariat "Protection de la nature et du paysage" et a défini les possibilités de travail sur les sujets suivants :

- réalisation d'une synthèse comparative des différentes instances et des différents outils de protection de la nature et du paysage dans les États et les régions intéressés ;
- création d'un réseau d'espaces protégés présentant un intérêt au niveau européen ;
- approbation dans chaque région d'un projet pilote "tourisme doux" ;
- réalisation d'un réseau d'informations et d'échanges d'expériences ;
- développement d'une stratégie commune pour un marketing favorable à la protection de la nature ;
- élaboration d'un projet pour un "oscar" de la protection de la nature dans les régions ;
- programmes d'aide de la CEE.

– *le sous-groupe "communication et information"* a décidé d'entreprendre les actions communes suivantes :

- création d'un réseau informel d'échange d'informations ;
- création d'un comité technique de réflexion sur les stratégies de la communication en matière de gestion des déchets industriels ;

- élaboration en commun de documents pour l'éducation en matière d'environnement (livres, vidéo) ;
- développement d'une stratégie commune de diffusion de l'information portant sur l'environnement et destinée au grand public ;
- établissement de contacts entre les bases de données régionales.

– *le sous-groupe "déchets toxiques"* a envisagé d'analyser la situation propre à chacune des régions partenaires concernant la législation, les structures administratives, les installations pour la collecte, le traitement et les stratégies de gestion des déchets toxiques. A la suite de ces études, le sous-groupe de travail a émis la proposition de développer des initiatives concrètes, telles que la réalisation d'un forum des industries productrices et de gestion des centres de traitement, ainsi que des échanges d'expériences sur les technologies spécifiques et sur le recyclage et la création d'une bourse des déchets au niveau interrégional.

– *le sous-groupe "qualité de l'environnement"* a souhaité procéder à une série d'harmonisations concernant les paramètres d'évaluation de la qualité de l'environnement en décidant un certain nombre d'actions :
- élaborer un document commun sur l'état de l'environnement ;
- développer une réflexion sur le sens des indicateurs relatifs à l'environnement et sur les données relevées, en prenant la pollution de l'air comme premier champ d'application, et en opérant avec les organismes responsables de la CEE.

Le groupe de travail "Environnement et territoire" a également décidé de créer un sous-groupe chargé de l'eau, et d'étudier les modalités de la présence des régions partenaires à la Conférence de Rio sur l'environnement et le développement durable.

3. Le groupe de travail "Transports"

Ce groupe de travail a été créé pour définir les interventions nécessaires afin de favoriser l'amélioration des communications entre les quatre régions. Il a rédigé depuis 1989 un mémorandum pour définir les objectifs communs, concernant l'aménagement des infrastructures et l'organisation des transports. Ces objectifs étaient les suivants :
- promouvoir des liaisons à grande vitesse pour les voyageurs et les marchandises ;
- prendre en charge les lacunes et les carences du réseau autoroutier ;
- résoudre les problèmes concernant les liaisons aériennes ;
- définir une politique au niveau européen adaptée à l'enjeu que représente le secteur des transports.

L'activité du groupe de travail s'est poursuivie dans le domaine du transport des marchandises avec la participation des régions aux "Rencontres sur le transport des marchandises et sur la logistique" organisées par l'État français et la région Rhône-Alpes. Les expériences des différentes régions ont été confrontées. Le groupe a prévu de développer les deux sujets suivants considérés comme essentiels : les liaisons aériennes et les transports de marchandises.

4. Le groupe de travail “Économie”

Créé en 1990, le groupe de travail a présenté à Milan un important programme de travail. Il a décidé de donner la priorité aux activités suivantes :

- l’échange d’expériences sur les politiques régionales concernant la promotion des PME-PMI, les programmes de subvention, les ressources financières utilisées ainsi que l’échange d’informations sur l’organisation administrative et économique des quatre régions ;
- la coordination des initiatives et le perfectionnement de la coopération jusqu’à l’organisation de manifestations communes, entre les instituts régionaux de participation et de promotion économique, en collaboration avec les entreprises des quatre régions ;
- la confrontation des systèmes de contrôle de la qualité utilisés dans les régions partenaires, avec la mise au point et l’échange d’une liste de laboratoires et de centres de recherche autorisés à émettre des certificats de qualité pour les différents secteurs. A cet effet, il a été prévu d’organiser des rencontres entre les experts du secteur, les associations de chefs d’entreprise et les chambres de commerce ;
- le développement d’initiatives de coopération technologique jusqu’à la promotion de projets communs réalisés par des entreprises et des instituts régionaux ;
- l’échange de stages pour les jeunes apprentis ;
- l’échange d’expériences et d’informations sur les projets de collaboration avec les pays de l’Europe de l’Est et sur la situation des nouveaux Länder allemands ;
- la recherche d’une action commune et coordonnée pour l’utilisation des programmes d’aide de la CEE ;
- la coopération dans le domaine de la formation professionnelle auprès des entreprises, avec la préparation de projets communs à développer par la création d’un sous-groupe constitué par des experts dans ce domaine.

III. L'EXPOSITION DES "QUATRE MOTEURS POUR L'EUROPE"

Les régions avaient décidé, pour cette exposition, de retenir quatre thèmes pilotes dans lesquels elles possédaient des points communs et dans lesquels elles avaient pris des positions de pointe.

Chacun des quatre partenaires s'est vu confier un thème de l'exposition :

- Art et culture pour le Bade-Wurtemberg
- Sport et tourisme pour la Catalogne
- Design et mode pour la Lombardie
- Nouvelles technologies pour Rhône-Alpes.

Cette exposition commune a été présentée dans les Foires internationales des quatre capitales régionales, en avril 1990 à Milan, en juin 1990 à Barcelone, en janvier 1991 à Stuttgart et en avril 1991 à Lyon. Il avait été prévu, dans un premier temps, que cette exposition, sur une superficie de 3 000 m^2, soit ultérieurement présentée dans les grandes capitales européennes puis en Amérique du Nord et au Japon, mais le coût trop élevé a dissuadé les responsables de donner suite à ce projet.

Un espace central a permis de présenter les quatre régions partenaires quant à leurs critères géographiques, économiques et historiques, sous forme d'un écran multivision.

La partie de l'exposition consacrée à "Art et culture" a privilégié quatre grands domaines d'activités, chacun étant, là encore, confié à l'un des partenaires. Ainsi la Catalogne a-t-elle été chargée de présenter le thème "Architecture", la Lombardie quant à elle a été responsable du thème "Musique", le Bade-Wurtemberg a assuré la réalisation du thème "Théâtre et danse", et Rhône-Alpes celle du thème "Cinéma".

La partie "Sport et tourisme" de l'exposition a mis en exergue les capacités communes des quatre partenaires en fournissant les statistiques suivantes pour l'année 1988 :

- 58 millions de touristes, du monde entier
- 4,8 millions de chambres d'hôtels, en appartements et en résidences
- 1 490 campings
- 130 foires internationales et salons accueillant chaque année 4,4 millions de visiteurs
- 15 parcs naturels
- 515 kilomètres de côtes méditerranéennes
- 98 lacs
- 468 stations de sports d'hiver
- 109 ports de plaisance
- 71 terrains de golf

- 76 établissements de cure thermale
- 33012 clubs sportifs
- 87 médailles d'or olympiques, 73 d'argent et 62 de bronze.

Six grands domaines d'activités sportives et touristiques ont été présentés plus en détail : le thermalisme, le tourisme culturel, le folklore, la gastronomie, le tourisme sportif, les équipements sportifs.

Bien évidemment, cette partie de l'exposition a consacré une bonne partie de sa présentation aux Jeux Olympiques de 1992, organisés en février à Albertville et en août à Barcelone.

La section "design et mode" de l'exposition a été conçue en trois temps :
- une confrontation directe entre produits, en projet ou réalisés, depuis le lendemain de la seconde guerre mondiale jusqu'à la période actuelle :
- une confrontation entre moments significatifs pour l'évolution de chaque région de la culture du design et de la mode
- une confrontation-synthèse des caractéristiques communes aux quatre régions dans le secteur du design et de la mode.

Enfin, s'agissant de la technologie, trois axes ont été privilégiés :
- la formation avec et par les technologies, en présentant les systèmes de formation duale et les transferts de technologie,
- la technologie en relation avec le monde industriel, en soulignant le rôle de la recherche-développement et celui de la robotisation,
- les technologies au service de la vie, en consacrant un espace à l'environnement, aux Jeux Olympiques de Barcelone et d'Albertville et à la dépollution des lacs alpins.

Lors de la première exposition, à Milan en avril 1990, le vice-président de la région Rhône-Alpes soulignait l'importance de cette première manifestation commune : "Cette exposition nous l'avons conçue ensemble, non par une juxtaposition mais vraiment en symbiose. C'est une première étape, qui a valeur d'exemplarité et de concrétisation des paroles". Alain Mérieux ajoutait dans ce même entretien : "Pour être actifs dans la compétition internationale, il faut jouer dans la cour des grands"[34]. Quant au président de la Généralité de Catalogne, Jordi Pujol, il déclarait lors de l'inauguration de la deuxième exposition à Barcelone, le 1er juin 1990 : "Plus qu'une exposition, c'est un message de la volonté de coopération de quatre grandes régions d'Europe".

Enfin, dans le dépliant remis aux visiteurs de l'exposition de Lyon, en avril 1991, chacun des présidents de région des Quatre Moteurs a tenu à souligner l'importance de cette association. Ainsi Erwin Teufel, Ministre-président du Land du Bade-Wurtemberg écrivait : "Nous avons besoin d'une politique régionale active que nous intégrerons de manière dynamique dans le développement de l'Europe, car c'est dans leurs Régions que les hommes trouvent leur patrie, leur identité culturelle et sociale.

---

34. *Le Dauphiné Libéré*, 24 avril 1990.

C'est pourquoi je considère la coopération entre les "Quatre Moteurs" comme une initiative qui va dans le sens du renforcement des Régions et de leur participation au processus d'intégration européenne."

Pour sa part, le président de la région Rhône-Alpes, Charles Millon, déclarait : "Très tôt, la Région Rhône-Alpes a reconnu l'importance de l'Europe pour son propre développement; constamment présente dans les institutions européennes, elle a mené des actions exemplaires avec d'autres Régions d'Europe. Je suis convaincu qu'il sera possible, grâce à cette collaboration, de construire ce qui sera, je l'espère, "l'Europe au quotidien".

Le président de la Generalitat de Catalogne ajoutait dans cette même plaquette de présentation de l'exposition de Lyon : "La réalisation en 1993 du marché unique européen et l'ouverture aux pays de l'Europe de l'Est constituent des défis majeurs pour l'Europe. Parallèlement au développement de la coopération sur des thèmes essentiels, il est impératif d'attribuer un rôle plus important à la politique régionale. Je suis convaincu que le Bade-Wurtemberg, la Catalogne, la Lombardie et Rhône-Alpes occupent une position idéale pour jouer le rôle de moteurs du processus de stimulation de la politique régionale en Europe".

Enfin, le président de la région Lombardie, Giuseppe Giovenzana insistait pour sa part sur le rôle de la science, de la culture et des réseaux d'information : "La science, la culture et les réseaux d'information ont rapproché les peuples, les cultures et les institutions. Coopération et solidarité sont des prérogatives qui s'imposent au monde au même titre que l'unité s'impose à l'Europe. La coopération politique entre la Lombardie, la Catalogne, le Bade-Wurtemberg et Rhône-Alpes doit s'inscrire dans cette direction et encourager les différents gouvernements à accélérer le processus d'intégration européenne qui devra parallèlement accroître le rôle et les compétences des Régions"[35].

35. Quatre Moteurs pour l'Europe, *Plaquette de présentation de l'exposition*, Eurexpo, 5-15 avril 1991.

IV. Le fonctionnement des "Quatre Moteurs"

Le principe général d'un fonctionnement souple et évolutif a été privilégié dès le départ, en conservant à la coopération multilatérale un aspect à la fois technique et empirique.

Dès la Conférence des présidents d'octobre 1991 à Milan, un certain nombre d'observations et de recommandations avait été proposé concernant l'organisation et le développement de l'activité des quatre régions partenaires.

S'agissant de l'adhésion d'autres membres à cette coopération multilatérale, il a été clairement indiqué qu'il était inopportun de l'envisager, essentiellement pour des raisons de mise en œuvre (problèmes de fonctionnement et questions linguistiques), tout en évoquant la priorité possible donnée à une région de Grande-Bretagne. Dans la mesure où des relations étaient déjà amorcées avec le Pays de Galles, c'est avec cette dernière qu'un rapprochement pourrait à l'avenir se produire. L'idée sous-jacente était qu'il serait préférable d'associer d'autres régions européennes à certaines activités des groupes de travail, au coup par coup, sans élargir institutionnellement la coopération des quatre partenaires. C'est d'ailleurs selon ce principe de base que le Pays de Galles et l'Ontario ont été associés à certaines activités des Quatre Moteurs.

De même, la possibilité d'associer des régions extra-européennes a été maintenue, tout en recherchant des modalités particulières en termes d'échanges d'informations et d'expériences.

Les coordinateurs ont suggéré par ailleurs une amélioration des activités de relations publiques, en élaborant une publication de présentation commune des régions, avec un symbole, un logo et un papier à en-tête communs.

La réunion annuelle des présidents, en automne, sous la responsabilité à chaque fois d'une région différente, adoptée dès le démarrage de la coopération, a été considérée comme positive, mais nécessitant un suivi et une coordination de l'activité des groupes de travail par des coordinateurs. La présidence tournante, chaque année, des Quatre Moteurs a été confirmée, et la création d'un comité des hauts fonctionnaires de chaque région a été proposée, avec pour mission de se concerter avant la réunion des présidents afin d'établir l'ordre du jour. Durant les phases intermédiaires, les coordinateurs devraient assumer la responsabilité du travail réalisé. Succédant à la présidence de la Catalogne, la région Rhône-Alpes prend la présidence des Quatre moteurs à l'automne 1999.

La réunion de Milan a surtout retenu l'idée de donner aux groupes de travail un caractère permanent dans les domaines de l'économie, de la formation, de la culture, de l'environnement et des transports. Elle a également jeté les bases d'un groupe de travail "Jeunesse et sports".

Au fil des ans, des améliorations ont été apportées et une certaine rationalisation s'est manifestée dans les procédures internes de fonctionnement.

C'est lors de la Rencontre des présidents le 17 mars 1995 que ces procédures ont été formalisées dans un document commun, confirmant pour l'essentiel les règles de fonctionnement mises au point durant les premières années de la coopération.

Dans un premier article, consacré à la Conférence des présidents, il est précisé que la présidence des Quatre moteurs était exercée à tour de rôle par chaque région pour une durée d'une année selon un ordre régulier : Catalogne, Rhône-Alpes, Lombardie et Bade-Wurtemberg.

La Conférence des présidents se réunit, à l'initiative du président en exercice, au moins une fois par an, afin de :

- faire le bilan des actions en cours,
- approuver le programme des activités de l'année suivante,
- établir des positions communes sur des thèmes d'intérêt politique, en particulier en ce qui concerne l'Union européenne.

Les membres du Comité de coordination assistent à la Conférence des présidents. Ceux-ci adoptent les décisions à l'unanimité, ces dernières faisant l'objet d'un protocole et étant signées dans les quatre langues (allemand, catalan, italien et français) par les plus hauts représentants de chaque région.

L'article 2 est consacré au Comité de coordination. Celui-ci est composé, selon l'organisation de chaque région, par le Comité des hauts fonctionnaires et des coordinateurs. Le Comité de coordination est présidé pendant un an par la région qui assume la présidence des Quatre Moteurs. Il est chargé :

- de suivre, d'animer et de veiller à la cohérence d'ensemble des travaux des commissions constituées,
- de préparer les réunions des présidents et d'élaborer les dossiers
- d'assurer le suivi et l'exécution des décisions adoptées en Conférence des présidents.

Le Comité de coordination se réunit au moins une fois par an au niveau des hauts fonctionnaires, et informe les commissions de l'évolution générale des Quatre Moteurs. Pour la réunion annuelle des présidents, le Comité de coordination élabore un bilan de l'année écoulée à partir des documents présentés par les groupes de travail.

L'article 3 concerne les Commissions et les groupes de travail. Il précise que la coopération est mise en œuvre par quatre Commissions pilotées chacune par une région partenaire et composées par les groupes de travail et les groupes de projet.

La Commission "Enseignement et jeunesse" est pilotée par le Bade-Wurtemberg et comprend deux groupes de travail :

– Enseignement et recherche
– Jeunesse et Sports.

La Commission “Culture et affaires sociales” est pilotée par la Catalogne et comprend également deux groupes de travail :
– Arts et culture
– Affaires sociales.

La Commission “Économie” est pilotée par la Lombardie et comprend trois groupes de travail :
– Économie
– Agriculture
– Emploi et famille

Enfin la Commission “Aménagement du territoire”, pilotée par la région Rhône-Alpes, comprend quatre groupes de travail :
– Transports et communications (Rhône-Alpes)
– Environnement (Rhône-Alpes)
– Échanges informatiques (Bade-Wurtemberg)
– Télérégions (Bade-Wurtemberg).

Les Commissions se réunissent au moins deux fois par an en séance plénière pour faire le bilan de la coopération. Elles préparent les programmes d’activité pour le semestre suivant et les soumettent au Comité de coordination.

Un article 4 est consacré à la constitution de l’annuaire des personnes des Quatre Moteurs, dans lequel figurent les présidents, les membres du Comité de coordination, les responsables de commission et les membres des groupes de travail.

Ainsi, tout en conservant une structure de travail souple et évolutive, les responsables des Quatre Moteurs se sont doté d’une méthode de fonctionnement qui assure, pour le moyen terme, une continuité et une régularité du travail en commun. Et c’est précisément l’un des succès de cette coopération multilatérale que d’avoir surmonté les difficultés pour donner un souffle et une durée à cette expérimentation interrégionale. Désormais, après dix années de fonctionnement, les coordinateurs se connaissent parfaitement, beaucoup d’entre eux ont vécu la totalité de la coopération et certains ont su tisser de véritables liens d’amitié.

ORGANIGRAMME DES QUATRE MOTEURS

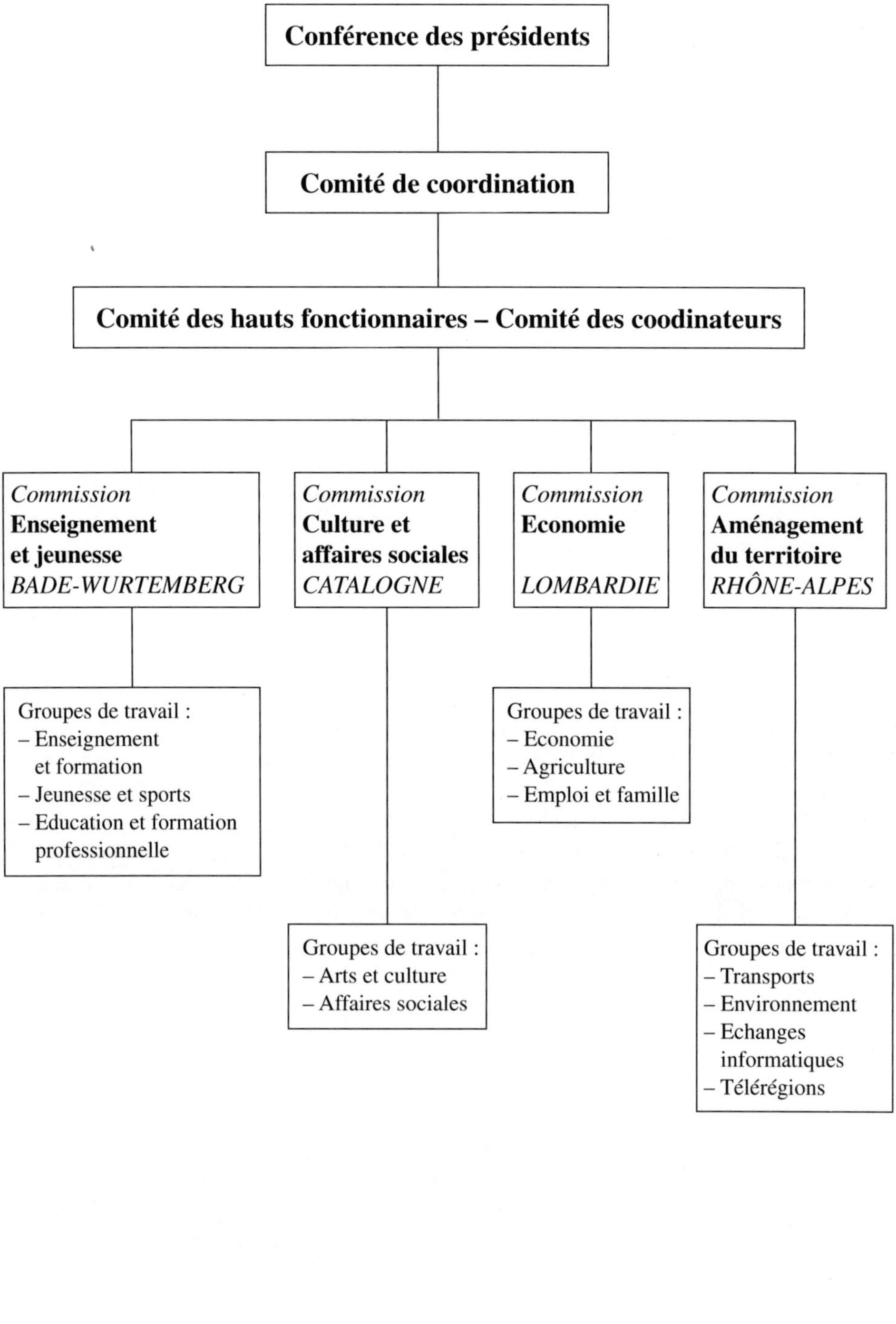

Deuxième partie

Les Moteurs en action

QUATRE MOTEURS
POUR L'EUROPE

Le bilan de dix années de coopération multilatérale passe bien évidemment par un examen attentif des actions menées par les régions partenaires dans le cadre des Commissions et des groupes de travail mis en place progressivement.

Compte tenu de l'activité très fournie de ces groupes de travail, il ne sera pas possible de fournir ici tous les détails concernant les choix opérés ou les résultats obtenus. Nous souhaitons plutôt donner des indications générales sur la philosophie d'ensemble de chacun de ces groupes, et des informations concernant les principales opérations menées.

Afin de ne pas rendre la lecture trop fastidieuse, nous avons décidé de privilégier les coopérations multilatérales, sans faire état des coopérations bilatérales, pourtant fort nombreuses et qui, bien souvent, ont constitué l'élément premier et fondamental des accords entre les quatre partenaires. Par ailleurs, et afin de proposer une vision aussi claire que possible de l'ensemble des activités, nous avons repris la présentation des travaux par Commissions, tout en gardant à l'esprit que l'organe de base de la coopération demeure le groupe de travail qui en fait partie.

Nous présenterons donc ce travail des Commissions en quatre chapitres :

- Enseignement et jeunesse
- Culture et affaires sociales
- Économie
- Aménagement du territoire

I. Le Quadrige de la formation et de la recherche

Les travaux de la Commission "Enseignement et jeunesse"

Placée sous la responsabilité du Bade-Wurtemberg, la commission comprend trois groupes de travail :
• Recherche et enseignement supérieur
• Jeunesse et sports
• Formation professionnelle

Dès le départ, la priorité est donnée au secteur de l'enseignement supérieur, de la recherche, de la formation professionnelle ainsi qu'à celui de la jeunesse Incontestablement, les activités de cette Commission constituent un axe essentiel et privilégié des Quatre Moteurs.

I. Le groupe de travail "Recherche et Enseignement supérieur"

Au départ, la coopération a été bilatérale entre le Bade-Wurtemberg et Rhône-Alpes. Elle est rapidement devenue multilatérale. Le groupe de travail est né d'un sous-groupe de travail "Écoles Supérieures" constitué en juin 1990 sous le nom de "Human Ressources in Higher Education", à la suite de la rencontre des Présidents des régions des Quatre Moteurs avec le premier ministre d'Ontario à Toronto. Sa mission a consisté à développer des idées et mettre au point des mesures pour augmenter la collaboration dans le domaine des sciences. La présidence en est assurée par le Bade-Wurtemberg. Après s'être réuni à sept reprises, entre 1990 et 1993, le sous-groupe a décidé, lors de sa réunion à Toronto, en mars 1993, de donner une définition plus claire de sa mission, et de s'appeler dorénavant "Commission on Higher Education and Research" (CHER). Depuis sa réunion constitutive de Toronto, le groupe de travail s'est réuni à dix-sept reprises.

La Commission a édité, en cinq langues (avec l'anglais pour le Pays de Galles), en avril 1998, un Guide de l'étudiant des Quatre Moteurs. La première partie présente une vue générale de l'enseignement supérieur de chaque région, (Quatre Moteurs + Pays de Galles), avec l'organisation du système universitaire, le type d'institutions et la gamme des matières proposées. La deuxième partie est la liste des établissements d'enseignement supérieur de chaque région, avec les noms des responsables. Enfin, la dernière partie comprend le sommaire des matières enseignées dans chaque établissement, regroupées par catégories[36].

36. Four Motors for Europe and Wales, *Directory of Higher Education*, Commission on Higher Education and Research, EUCLID (Wales), avril 1998, 32 p.

1. Les colloques scientifiques

De nombreux Colloques scientifiques ont été organisés depuis 1988, bénéficiant du label Quatre Moteurs. Les scientifiques des régions partenaires sont ainsi au courant des évolutions des recherches scientifiques dans leurs domaines propres, ce qui leur permet d'entretenir une collaboration scientifique durable[37].

Le groupe de travail a invité des experts à traiter de sujets spécifiques, comme lors de la réunion "Université, Culture et Société" en avril 1994 à Grenoble, ou au séminaire "Développement de l'apprentissage et des formations en alternance dans les régions d'Europe" en mai 1994 à Charbonnières, ou encore au séminaire "Exportakademie" en mai 1994 à Reutlingen et à la rencontre des experts "Distance Education" en mai 1994 à Toronto.

Depuis l'origine de la coopération, près de 80 manifestations scientifiques ont été organisées, qui ont eu lieu soit sur une base multilatérale, soit sur une base bilatérale ou trilatérale. Nous ne mentionnons ici que les colloques multilatéraux qui ont regroupé au moins trois des quatre partenaires :

- Biotechnologie I, à Barcelone, en novembre 1991
- Mucoviscidose, à Tübingen en novembre 1991
- Enseignement à distance, à Toronto en mai 1992
- Chimie fine organique, à Lyon en octobre 1992
- Mucoviscidose, à Barcelone en octobre 1992
- Microprocesseurs, à Sitges en Catalogne, en février 1993
- Imagerie, à Lyon en mars 1993
- Chimie fine organique, à Milan en 1993
- Céramiques, à Cambrils en Catalogne en avril 1993
- Chimie fine organique, à Milan en octobre 1993
- Limnologie, à Constance en 1993
- Impacts environnementaux, à Cardiff en novembre 1993
- Capteurs, à Brescia en avril 1994
- Nappes phréatiques, à Stuttgart en 1994
- Éducation à distance, à Toronto en 1994
- Mucoviscidose, à Tübingen en novembre 1994
- Biotechnologie II, à Sitges en Catalogne, en 1995
- Productique-Robotique, en Ontario en 1995
- Biotechnologie III, à Barcelone les 23 et 24 mai 1996
- Production 2000, à Stuttgart du 8 au 11 avril 1997
- Production 2010 à Lyon du 14 au 17 octobre 1998

Par ailleurs, le groupe de travail a défini un certain nombre de programmes qu'il s'efforce de planifier sur le moyen terme.

---

37. Concernant la coopération scientifique et technologique, on peut consulter le rapport d'études de Gabriel Colletis et Pierre Kukawka, *Les Quatre Moteurs pour l'Europe. La coopération scientifique et technologique de Rhône-Alpes avec le Bade-Wurtemberg, la Catalogne et la Lombardie,* Grenoble, Cerat, 1991, 67 p., ronéoté.

2. La formation linguistique des cadres administratifs et universitaires

Il s'agit d'une action de formation linguistique des cadres administratifs et universitaires des régions des Quatre Moteurs, plus le Pays de Galles.

Cette formation, mise en place avec succès en 1991 et 1992 au Bade-Wurtemberg, a été généralisée aux autres partenaires en 1993, à titre de test. Elle consiste en des cours intensifs de langues d'une durée de deux semaines, destinés aux universitaires et administratifs des régions partenaires souhaitant se perfectionner dans l'une des langues des cinq régions : l'allemand, l'anglais, le catalan, le français et l'italien. Elle comporte, sauf pour le catalan, deux niveaux par cours de langues : niveau avancé ou intermédiaire, et exclut, en principe, les débutants.

L'objectif principal est d'apporter une connaissance réciproque de la langue dans le but de faciliter les échanges et la communication entre les régions partenaires par des échanges de fonctionnaires et des échanges entre universitaires. La sélection des participants relève de chaque région partenaire.

Parallèlement à cet objectif, l'idée de ces cours linguistiques est également d'approfondir les échanges entre les régions partenaires.

En 1996, 85 participants ont suivi des formations linguistiques à Grenoble (Rhône-Alpes), Tarragone (Catalogne), Pavie (Lombardie), Cardiff (Pays de Galles) et Glatt (Bade-Wurtemberg).

En 1997, les formations ont été données à 85 participants :

- au Bade-Wurtemberg, à Blaubeuren, Université de Tübingen, du 23 août au 6 septembre
- en Catalogne, à Tarragone, Université Rovira i Virgili, du 1er au 13 septembre
- en Lombardie, à Pavie, Université de Pavie, du 1er au 13 septembre
- en Rhône-Alpes, à Lyon, Université Lumière Lyon II, du 1er au 13 septembre
- au Pays de Galles, à Aberystwith, Université d'Aberystwith, du 31 août au 13 septembre.

En 1998, pour la première fois, chaque région a offert 30 places au cours de langues qu'elle organise, ce qui a permis de proposer sept à huit places par région partenaire.

- au Bade-Wurtemberg, à Blaubeuren, Université de Tübingen, du 22 août au 5 septembre
- en Catalogne, à Girone, Université de Girone, du 31 août au 11 septembre
- en Lombardie, à Pavie, Université de Pavie, du 31 août au 11 septembre
- en Rhône-Alpes, à Grenoble, Université Stendhal Grenoble III, du 31 août au 11 septembre
- au Pays de Galles, à Swansea, Université de Swansea, du 31 août au 11 septembre

3. Le Programme commun d'études en sciences économiques – Multiregional International Business Program (MIBP)

En février et juin 1991, des experts des régions des Quatre Moteurs plus l'Ontario et le Pays de Galles se sont réunis pour élaborer un plan d'études d'un cursus commun dans le domaine des sciences économiques et engager des procédures d'habilitation.

Ce projet est réalisé depuis 1992. Il a pour objectif de proposer un programme de commerce international et d'échanges à des étudiants de niveau universitaire afin de promouvoir le développement régional des six régions partenaires[38].

Le MIBP privilégie une perspective interrégionale et reste fidèle à son objectif de développement régional. En se rendant dans une région du pays d'accueil, les étudiants acquièrent une connaissance approfondie de cette région, trouvent de nombreux contacts et promeuvent leur région d'origine auprès de leurs hôtes. Le MIBP se distingue des autres formations équivalentes par le fait qu'il propose des échanges entre les six régions partenaires. Ainsi la possibilité d'établir des contacts ultérieurs dans les différentes régions est-elle singulièrement renforcée.

Les étudiants du MIBP suivent les trois stades du programme :

- le programme commence par un séminaire de quatre semaines qui se tient chaque année au centre de coordination de l'une des régions partenaires. Ce séminaire se déroule en août-septembre et donne à tous les étudiants l'occasion de faire connaissance, de se renseigner sur les régions dans lesquelles ils étudieront et de mieux appréhender les aspects économiques majeurs, régionaux et internationaux, à l'aide de conférences données par des experts de chacune des régions.
- à l'issue du séminaire, les étudiants passent une année universitaire dans la région de leur choix. Les résultats obtenus au cours de cette année d'étude sont pris en compte dans leur établissement d'origine. Le perfectionnement linguistique est un objectif important au cours de cette année à l'étranger.
- à la fin de leurs études universitaires, les étudiants doivent effectuer un stage de quatre semaines minimum dans la région d'accueil ou préparer un projet de recherche sur un sujet économique se rapportant au thème principal du programme, c'est-à-dire un sujet régional.

Le MIBP offre donc aux étudiants une possibilité de découvrir les systèmes culturels et économiques de leur pays d'accueil, et de rencontrer, au cours du séminaire, d'autres étudiants ayant des intérêts et une formation similaires. Les compétences linguistiques sont affinées au cours des études, et le stage ou la partie du programme consacrée à la recherche constituent une expérience semi-professionnelle.

Plusieurs universités sont parties prenantes du programme :

- au Bade-Wurtemberg, l'Université de Mannheim

38. Quatre Moteurs pour l'Europe, *Compte-rendu du plan 1997-1998*, 29 p.

- en Catalogne, l'Université autonome de Barcelone
- en Lombardie, l'Université de Pavie et l'Université catholique de Milan
- en Rhône-Alpes, le Groupe Écoles Supérieures de Commerce de Lyon, Grenoble, Chambéry et Saint-Étienne, l'Université Jean Moulin (Lyon III), et l'Université Pierre Mendès France (Grenoble II-École Supérieure des Affaires)
- au Pays de Galles, l'European business management school de Swansea de l'Université du Pays de Galles.

Depuis l'origine du programme, les séminaires se sont tenus à :

- Mannheim en septembre1992
- Lyon en septembre 1993
- Swansea en septembre 1994
- Barcelone en septembre 1995
- Pavie en septembre 1996
- Mannheim en septembre 1997
- Lyon en septembre 1998

La première édition du MIBP a eu lieu en septembre 1992 à l'Université de Mannheim. Trente-six étudiants y ont participé. Le succès du séminaire de Mannheim a été tel que les régions ont souhaité porter le nombre d'étudiants de six à dix par région.

Cinquante deux étudiants ont participé au deuxième séminaire organisé en septembre 1993 en Rhône-Alpes par l'École Supérieure de Commerce de Lyon. Pour Rhône-Alpes, deux étudiants de l'Université Jean Moulin ont participé au séminaire en plus des Écoles de Commerce et de Gestion.

La troisième édition a eu lieu en août-septembre 1994 au Pays de Galles, à l'Université de Swansea. 72 étudiants y ont participé.

La quatrième édition, organisée à Barcelone a accueilli 75 étudiants ; la cinquième à Pavie a également enregistré la participation de 75 étudiants.

Le séminaire de 1998 s'est déroulé à Lyon, après un premier cycle complet de séminaires dans les régions des Quatre Moteurs et au Pays de Galles. Depuis 1996, l'Ontario ne participe plus à ce programme à la suite de fortes restrictions budgétaires décidées par le gouvernement provincial.

Au total, plus de 400 étudiants ont pu bénéficier du programme multilatéral MIBP.
Nous tenons ici à remercier tout particulièrement nos partenaires du MIBP, hauts fonctionnaires, experts, secrétaires administratifs, collègues universitaires et étudiants, avec lesquels nous avons eu, depuis sept ans, le plaisir de coopérer.

4. Multimédia pour l'éducation et la formation (MULTIMET)

Il s'agit d'un projet d'application du multimédia pour l'enseignement qui réunit les régions des Quatre Moteurs plus l'Ontario et le Pays de Galles.

Différentes équipes universitaires ont participé à ce projet :

- Bade-Wurtemberg : Fachhochschule für Druck und Medien de Stuttgart
- Catalogne : Universitat Oberta de Catalunya de Barcelone
- Lombardie : Universita Cattolica del Sacre Cuore de Milan
- Rhône-Alpes : Université Stendhal de Grenoble

Deux autres équipes universitaires ont collaboré au projet :

- Pays de Galles : University of Glamorgan de Pontypridd
- Ontario : Leakhead University de Thunder Bay.

L'objectif du projet est double :

- d'une part, expliquer les mécanismes de l'apprentissage pour justifier l'emploi du multimédia
- d'autre part, inciter les enseignants à créer des applications multimédia comme support d'enseignement en démontrant qu'il est possible d'intégrer les nouvelles technologies éducatives.

Le projet se divise en deux phases :

- une partie "pédagogie" correspondant aux théories de l'enseignement et dans laquelle sont expliquées toutes les théories actuelles ;
- une partie "studio", destinée aux enseignants qui désirent réaliser leurs propres applications, et fondée sur un exemple principal à partir duquel sont illustrées toutes les étapes de la production, de la conception à la réalisation.

Le CD Rom, en anglais, a été achevé en octobre 1997. Il contient une série d'informations et d'instructions pour l'apprentissage multimédia (l'éventualité d'une traduction dans les langues des régions des Quatre Moteurs, un moment envisagée, a dû être différée pour des raisons financières). Il a pour objet de mettre en lumière les possibilités et les atouts des multimédias dans la formation[39]. Chaque région pourra commercialiser ce CD Rom, le produit de cette vente devant revenir aux universités ayant participé au projet, à des fins d'enseignement et de recherche.

5. Les Rencontres des Recteurs et Présidents d'Université

Ces Rencontres réunissent environ tous les dix-huit mois tous les Recteurs et Présidents d'Université des régions des Quatre Moteurs plus le Pays de Galles, l'Ontario et le Québec. Elles abordent des questions touchant à la coopération scientifique, aux échanges de boursiers, aux implantations réciproques d'antennes universitaires dans les régions partenaires, comme par exemple l'antenne de l'Université de Barcelone à l'Université de Lyon II.

La *première Rencontre* a eu lieu à Stuttgart, les 22 et 23 avril 1991. Elle a permis aux participants de faire connaissance et de délimiter des champs de concertation et de collaboration possibles. Elle a porté sur le thème "Partenariat international et coopération".

---

39. Sur la question de l'enseignement à distance, on peut se référer à un article de Francine Aizicovici, paru dans *Le Monde* : "Les campus virtuels à la recherche de leur économie réelle" (16 février 1999).

La *deuxième Rencontre* a eu lieu à Milan, en novembre 1992. Les travaux ont permis d'approfondir les thèmes suivants :

- enseignement supérieur : formation par et pour la recherche
- information et orientation des étudiants
- mobilité internationale des étudiants
- validation et reconnaissance des séjours et diplômes obtenus à l'étranger

La *troisième Rencontre* a eu lieu à Grenoble en juin 1995. Elle a porté sur les points suivants :

- politique des relations internationales des établissements d'enseignement supérieur
- problème du maintien de la qualité dans l'université de masse
- "Gouvernement" des Universités.

La *quatrième Rencontre* a eu lieu à Barcelone en juin 1997. Trois sujets majeurs ont été traités :

- l'évaluation des cursus universitaires
- l'évaluation de la recherche universitaire
- le transfert de technologie

Cette Rencontre a réuni 59 Universités. Il a été notamment décidé de retenir le principe d'une rencontre tous les 18 mois à deux ans, et d'intercaler une réunion plus spécifique chaque année. Le multimédia devient, dans l'intervalle, un moyen privilégié pour développer le travail interuniversitaire.

La *cinquième Rencontre* des Recteurs et Présidents d'Université des Quatre Moteurs, de l'Ontario, du Québec et du Pays de Galles s'est tenue à Cardiff, au Pays de Galles, du 28 au 30 octobre 1998, sur trois grands thèmes :

- l'encouragement à la culture entrepreneuriale à l'Université
- la formation continue et à distance à la lumière des nouvelles technologies
- le financement des universités dans un contexte de réduction budgétaire

6. Senseurs électrochimiques pour les mesures d'environnement

L'objectif du projet consiste à développer de nouveaux microsenseurs chimiques de façon à assurer un contrôle en temps réel des espèces chimiques en vue d'optimiser leurs performances en termes de sensibilité, de sélectivité et de temps de réponse.

Ces senseurs chimiques sont tous basés sur des transmetteurs électrochimiques et sont fabriqués en production de masse à partir de techniques microélectroniques. L'entreprise associée au projet (MICROSENS) soutient les actuels senseurs intégrés et assure le développement d'une membrane de technologie structurante et de mesures des microsystèmes.

Chaque catégorie de microsenseurs est développée par un ou plusieurs laboratoires partenaires du projet, avec la désignation d'un laboratoire responsable de la coordination du travail des différents laboratoires travaillant sur un même type de microsenseur :

- les microsenseurs enzymatiques pour la détection du nitrate, des ions et les pesticides de l'eau : Université de Neuchâtel

- les microsenseurs chimiques de type ESFET pour la détection des ions alcalins et des métaux lourds dans l'eau : Université de Barcelone
- les microsenseurs solides-électrolytes pour la détection du dioxyde de carbone, des oxydes de nitrogène et du chlore dans l'air : Université de Tübingen.

Neuf laboratoires aux spécialités complémentaires sont associés au projet :

- au Bade-Wurtemberg :
  - l'Institut de Chimie Physique et Théorie de l'Université de Tübingen, spécialiste de la préparation et de l'analyse des structures interfaciales pour senseurs microélectrochimiques.

- en Catalogne :
  - l'Unité de Chimie Analytique de l'Université de Barcelone, spécialiste de la mise en œuvre de senseurs potentiométriques dans les systèmes courants.
  - l'Institut des Sciences de la Matière à Barcelone, spécialiste de la détection de transmission des ions métalliques.

- en Lombardie :
  - le Département de Chimie Physique et Électrochimique de l'Université de Milan, spécialiste du développement de deux senseurs électroniques à l'état solide.

- en Rhône-Alpes (leader du projet) :
  - le Laboratoire d'Ionique et Électrochimie des Solides à l'ENSEEG de Grenoble, spécialiste de l'utilisation de conducteurs ioniques à l'état solide pour des senseurs en application environnementale.
  - le Laboratoire de Physico-chimie des Interfaces, de l'ESC Lyon-Ecully, spécialiste de la réalisation de nouvelles membranes pour senseurs de type ESFET par greffe chimique directe sur les surfaces isolantes.
  - le Laboratoire de Physique de la Matière à l'INSA à Villeurbanne, spécialiste de l'élaboration et la caractérisation de matériels électroniques et de dispositifs dans le domaine des senseurs et des microtechnologies.

- en Suisse romande :
  - l'Institut de Microtechnologie de l'Université de Neuchâtel, spécialiste de l'optimisation de l'hydrogel en vue d'une intégration des senseurs de ce type dans l'analyse des systèmes de chimie miniature.
  - le Département de Chimie Appliquée de l'Université de Genève, spécialiste de la comparaison de deux approches pour la détermination ampérométrique du nitrate et des ions nitriques et l'utilisation de certains types de senseurs.
  - l'Entreprise MICROSENS SA à Neuchâtel, qui travaille pour le développement de la technologie et pour la fabrication d'éléments de multisenseurs électrochimiques intégrés.

7. Programme REGE sur les régions en tant qu'acteurs politiques dans les politiques communautaires

Dans un contexte de réévaluation du rôle des régions, ce programme visait à réaliser une étude empirique pour évaluer le développement politique des régions et pour analyser l'influence que ce développement peut avoir dans la conception et la mise en œuvre des politiques européennes.

Le but de la recherche était d'appréhender la position de l'institution régionale dans les réseaux politiques au sein desquels les interventions communautaires étaient élaborées et mises en œuvre.

Outre les Quatre Moteurs, quatre régions ont été sélectionnées pour leur moindre développement économique :

- en Allemagne : la Basse-Saxe.
- en Espagne : l'Andalousie
- en Italie : la Sicile
- en France : le Languedoc-Roussillon

A partir de plusieurs études monographiques réalisées sur les différentes régions, la recherche s'est orientée autour de trois types de travaux :

- la constitution d'un tableau comparatif des régions à partir de données socio-économiques, culturelles et politiques
- la modélisation des relations interinstitutionnelles à partir de questionnaires envoyés aux institutions et groupes d'acteurs qui participent à la gestion des interventions communautaires
- des études de cas empiriques sur un certain nombre d'opérations qui ont bénéficié d'une intervention communautaire.

Les partenaires provenaient des régions des Quatre Moteurs :

- au Bade-Wurtemberg :
  - le Mannheimer Zentrum für Europaïsche Sozialforshung (MZES) de l'Université de Mannheim
- en Catalogne :
  - le Département de Sciences Politiques et de Droit Public de l'Université Autonome de Barcelone
- en Lombardie :
  - le Gruppo Class Bocconi de Milan
- en Rhône-Alpes :
  - le Centre de recherche et d'enseignement Évaluations, Organisations et Politiques Publiques (CEOPS) de Vaulx-en-Velin qui assurait la coordination de plusieurs centres universitaires mobilisés pour cette recherche :
  - le Laboratoire de géographie rhodanienne de l'Université Lyon III
  - le Département de géographie de l'Université de Saint-Étienne
  - le CERAT (Centre d'Études et de Recherche sur l'Administration, le Politique, la Ville et le Territoire) de l'Institut d'Études Politiques de Grenoble.

Les résultats de cette recherche, rendant compte des principaux résultats, ont été publiés dans différentes langues[40].

II. Le groupe de travail "Jeunesse et sports"

Les régions des Quatre Moteurs ont décidé de promouvoir leurs échanges favorisant ainsi les contacts entre les services administratifs compétents et les fédérations sportives.

Le groupe de travail a été créé en 1989, dans un premier temps entre le Bade-Wurtemberg et la Catalogne, puis étendu à la Lombardie et à Rhône-Alpes.

La tenue des Jeux Olympiques d'hiver à Albertville et d'été à Barcelone a contribué à renforcer encore plus les liens entre Rhône-Alpes et la Catalogne. A l'occasion du Championnat du monde d'athlétisme 1993 à Stuttgart, il a été décidé de convoquer pour la première fois le groupe de travail "Jeunesse et sports". En 1993, le Bade-Wurtemberg a organisé des tables rondes avec des experts sur la question "Sport et environnement". La Catalogne a organisé en 1994 un débat sur deux thèmes particuliers : "Sport et Troisième Age" et "Sport et réinsertion sociale" (toxicomanie, prisonniers).

En 1996, le thème retenu a porté sur "Vieillir en bonne santé, activité et sport", sous le patronage de l'Organisation mondiale de la santé (OMS), à Heidelberg du 27 au 31 août. Par ailleurs, une réunion technique a réuni la commission "sport" de l'association ARGE-ALP (communauté de travail des Alpes centrales) et du groupe de travail "Jeunesse et sports" des Quatre moteurs à Karslruhe les 9 et 10 décembre.

Le groupe de travail se réunit deux fois par an et organise un certain nombre de compétitions interrégionales.

En 1996, diverses compétitions ont été organisées dans le cadre des Quatre Moteurs :
- Gymnastique rythmique féminine, du 7 au 13 avril, en Catalogne, avec un séminaire commun pour les formateurs conduit conjointement par la Catalogne et la Lombardie.
- Tournoi de tennis de table en Lombardie, du 18 au 21 avril à Pisogne.
- Compétition d'athlétisme à Barcelone, du 6 au 9 septembre
- Tournoi de gymnastique aux agrès et gymnastique rythmique à Chambéry, du 21 au 22 décembre.

En 1997, plusieurs compétitions ont également été organisées :
- Compétition de ski alpin et nordique les 8 et 9 mars 1997 en Lombardie à Schiparo et Colere
- Compétition de tennis de table en avril, en Rhône-Alpes, à Bellay

---

40. Jouve Bernard, Negrier Emmanuel (sous la dir. de), *Que gouvernent les régions d'Europe ?* Échanges politiques et mobilisations régionales, Paris, L'Harmattan, 1998, 336 p. (Logiques politiques).

- Compétition "course Napoléon" en juin, en Rhône-Alpes
- Compétition de golf les 6 et 7 septembre en Lombardie, à Costefranca
- Compétition d'athlétisme les 5, 6 et 7 septembre au Bade-Wurtemberg, à Baden-Baden
- Compétition de canoë fin septembre en Catalogne, à Barcelone
- Compétition de gymnastique artistique et rythmique les 6 et 7 décembre, en Lombardie, à Milan.

En 1998 ces compétitions se sont à nouveau déroulées et d'autres compétitions ont vu le jour :

- Compétition de ski de fond en Catalogne, les 13 et 14 mars
- Compétition de tennis de table à Tarragone en Catalogne, du 16 au 18 avril
- Course Napoléon (course de fond), en Rhône-Alpes, du 9 au 14 juin
- Accueil de 15 régions partenaires de Rhône-Alpes (dont les Quatre moteurs) à l'occasion de la Coupe du Monde de football, avec invitation de 15 jeunes de chaque région, du 15 au 24 juin, dans le "Programme-cadre de la Coupe du monde de football".
- Compétition de golf à Monthieux en Rhône-Alpes, du 2 au 4 septembre
- Compétition d'athlétisme à Desenzano en Lombardie, au bord du lac de Garde, du 4 au 6 septembre
- Course de canoë en ligne, à Mannheim au Bade-Wurtemberg, du 25 au 27 septembre
- Compétition de gymnastique et de gymnastique rythmique sportive, en Catalogne, du 18 au 21 octobre.

Par ailleurs, un séminaire sur la coopération entre clubs de sport et écoles s'est tenu à Freiburg au Bade-Wurtemberg, les 1er et 2 octobre et une Fête internationale du sport scolaire s'est déroulée à Balingen, également au Bade-Wurtemberg, du 8 au 12 octobre.

Notons enfin que la Catalogne a été chargée de concevoir un projet intitulé "Cours de formation" destiné aux collaborateurs des activités en faveur des jeunes, auxquels doivent être invités des représentants venant des quatre régions, du Maroc et de la Tunisie.

Un dépliant "Programme sport" a été édité en 1998 présentant, en quatre langues, le programme de l'année en cours et les coordonnées des responsables du sport dans les régions partenaires.

III. Le groupe de travail "Enseignement et formation professionnelle"

Ce groupe de travail est piloté par la Lombardie.

Concernant l'enseignement général, il favorise les échanges et jumelages d'établissements scolaires. Les très nombreux échanges entre les quatre régions se poursuivent soit dans le cadre de jumelages soit hors jumelages. La plupart des jumelages d'établissements scolaires se trouvent en Rhône-Alpes et au Bade-Wurtemberg.

Les régions du Pays de Galles, de la Catalogne et du Bade-Wurtemberg, ainsi que l'Alsace et la Saxe, coopèrent à un projet d'élaboration de documents bilingues axés sur les questions de civilisation des différentes régions. Deux autres projets sont engagés jusqu'à l'an 2000 :

- ces documents sont examinés dans le cadre du programme européen Socrate-Comenius, afin de vérifier leur capacité à être utilisés dans le domaine scolaire. Cette coopération a pour but de mettre au point des modules de formation permanente.
- un projet de coopération est à l'étude concernant la mise au point de modules d'enseignement pour l'enseignement précoce des langues étrangères et l'analyse des problèmes de transition entre les systèmes scolaires de second cycle au sein des régions.

Un Colloque a été organisé le 26 octobre 1995 à Lyon en collaboration avec la direction régionale de l'Agence Nationale Pour l'Emploi (ANPE) sur la mise en œuvre du volet du programme européen Léonardo consacré aux échanges de stagiaires. Cette manifestation a permis de favoriser les échanges d'expériences et les prises de contact.

La réunion du groupe de travail le 14 février 1997 à Lyon a permis de relancer les travaux communs sur la formation professionnelle. Chaque délégation a procédé à une présentation des difficultés rencontrées et des dispositions prises pour favoriser l'insertion professionnelle des jeunes.

Le groupe de travail a estimé que la mise en œuvre d'échanges de jeunes entre les quatre régions était un objectif important pour inciter à la mobilité et à la motivation des jeunes en difficulté d'insertion sociale et professionnelle. Il a décidé de faire appel à un organisme expert afin de procéder à une analyse des besoins et des possibilité d'action au niveau des quatre régions, en vue de définir les modalités d'une collaboration à venir.

Le 25 novembre 1997 a été organisé à Milan un colloque sur le thème "Les jeunes et le travail", concernant les politiques de l'emploi des jeunes dans les régions des Quatre Moteurs.

Le Mondial des Métiers

Les Quatre Moteurs participent au "Mondial des Métiers", organisé par la région Rhône-Alpes, en partenariat avec l'État. La première édition s'est déroulée à Lyon en février 1997, sur le principe d'un triptyque "orientation-information-démonstration", mis en place par l'Association Rhône-Alpes pour l'Orientation et la Promotion des Métiers (AROM). Elle a accueilli une partie des sélections nationales des 34e Olympiades des Métiers. Près de 30 métiers en concours et en démonstration ont été présentés au public. Plus de 80 000 visiteurs, jeunes et adultes, ont pu ainsi se renseigner sur les formations et les aides à l'orientation.

Le deuxième Mondial des Métiers a été organisé du 26 février au 1er mars 1998, avec les régions des Quatre Moteurs, auxquelles se sont joints des représentants de l'Italie (région du Piémont), de la Hongrie, de la Pologne, du Danemark, de l'Irlande, ainsi que des observateurs de Suisse et de Chine. Trente métiers ont été présentés, dont la moitié concernait les métiers de l'automobile, thème central de cette deuxième édition. 92 000 visiteurs ont été accueillis et ont pu visiter, à cette occasion, un village européen "Quatre Moteurs", un stand de l'Union européenne et un stand Rhône-Alpes axé sur la mobilité professionnelle.

Le troisième Mondial des Métiers, organisé du 4 au 7 février 1999 a accueilli à Lyon-

Eurexpo plus de 100 000 visiteurs, qui sont allés à la rencontre de 2 000 représentants d'entreprises, d'institutions ou d'organismes de formation. Le thème central était le textile et l'habillement. Une quinzaine de jeunes rhônalpins ont franchi l'étape des sélections régionales en vue des 35e Olympiades des Métiers 99 qui se dérouleront à Montréal. Les sélections nationales sont organisées en mai 1999 dans le Nord-Pas-de-Calais.

LA FREREF (Fondation des Régions Européennes pour la Recherche en Éducation et en Formation)

Les Quatre Moteurs sont membres de la FREREF, association scientifique internationale de droit belge, dont le siège est à Liège. Elle a été créée à Lyon le 14 mars 1994 à l'initiative de la Generalitat de Catalogne, de la région Lombardie, de la région Rhône-Alpes et de chercheurs dans les domaines de la formation et de l'éducation. Par la suite, le Bade-Wurtemberg, les Baléares, la Communauté Française de Belgique, le Luxembourg et la République et Canton de Genève ont rejoint la FREREF.

L'éducation et la formation connaissent une expansion quantitative importante, et les services publics d'éducation et de formation en Europe sont à la recherche de nouveaux modes de fonctionnement, de régulation et de pilotage. Dans cette évolution, les régions prennent une place croissante. La FREREF a donc comme objectif prioritaire le développement de la recherche en éducation en relation avec les problèmes politiques et pratiques qui se posent dans les régions membres. Elle veut être une plate-forme de coopération et d'échange entre les régions d'une part, les responsables politiques et administratifs et les chercheurs d'autre part.

Les cinq premières années de la FREREF ont permis la réalisation de projets de recherche, des confrontations et des échanges qui ont éclairé certains des problèmes auxquels sont confrontées les régions. Différentes actions ont été entreprises :

- une recherche comparative sur les modalités de l'apprentissage et de l'alternance dans les régions membres. Les résultats ont fait l'objet d'un colloque organisé à Lyon par le conseil régional Rhône-Alpes en mai 1994 ;
- l'étude de faisabilité d'une recherche concernant les jeunes de 16 à 20 ans. Cette étude a mis en lumière les conditions et les difficultés d'une recherche menée en coopération par plusieurs régions ;
- l'Euroconférence organisée à Barcelone, le 10 et 11 mars 1995 sur le thème : "Les politiques régionales pour l'éducation et la formation : quelles orientations ? quelles recherches ?" a réuni 75 régions d'Europe. A cette occasion, une enquête a été conduite par une équipe de recherche de l'université de Barcelone auprès des autorités des régions membres de l'ARE (Association des Régions d'Europe), afin d'obtenir une vision d'ensemble des politiques régionales de l'enseignement et de la formation et des politiques de la recherche dans ces domaines ;
- la rencontre de Sesenzano, en Lombardie, des 11 et 12 octobre 1996 a permis de clarifier les objectifs et les stratégies de la FREREF. La confrontation des politiques régionales et du potentiel de recherche de chaque région a également permis de déterminer les thèmes prioritaires des réseaux de coopération interrégionale à mettre en place.

Depuis l'assemblée générale du 21 juin 1997, la FREREF stimule, anime et facilite le développement de réseaux de coopération entre les régions et les chercheurs. Leurs thèmes sont adoptés par le conseil d'administration où chaque région membre dispose d'un siège. Chaque réseau est piloté par une région membre qui en désigne le responsable. La participation d'une région à un réseau est fondée sur le principe du volontariat.

II. Le Quadrige de la culture

Les travaux de la Commission "Culture et affaires sociales"

Cette commission, placée sous la responsabilité de la Catalogne, comprend deux groupes de travail :
- Arts et culture
- Affaires sociales

I. Le groupe de travail "Arts et culture"

Ce groupe de travail, mis en place en 1990 sous la présidence de la Catalogne, a élaboré et réalisé l'espace[41] "Tourisme et culture" de l'exposition "Quatre Moteurs pour l'Europe". Dans ce cadre, il a organisé, en avril 1991 à Lyon, une conférence sur l'opéra, au cours de laquelle le rapport de l'Observatoire des politiques culturelles de Grenoble a été présenté et diffusé. Ce rapport analyse les actions menées et le fonctionnement des institutions et organismes culturels de chacune des régions.

En octobre 1991, les partenaires des Quatre Moteurs ont participé au Colloque "Patrimoine" de Roanne, consacré au livre ancien.

En raison des restrictions budgétaires, la province de l'Ontario, engagée dès le départ dans les travaux du groupe de travail a cessé sa participation depuis l'exercice budgétaire 1996-1997.

Le groupe de travail a décidé de poursuivre, sur plusieurs années, un certain nombre d'actions et de manifestations culturelles, dont nous présentons les plus significatives.

1. Les échanges de jeunes artistes plasticiens

Ce projet prévoit d'étendre les échanges, qui sont d'ores et déjà une pratique habituelle entre Rhône-Alpes et la Catalogne, et Rhône-Alpes et le Bade-Wurtemberg, aux autres partenaires des Quatre Moteurs. Il vise à établir un circuit des expositions des artistes ayant réalisé un séjour hors de leur région d'origine. Le projet se déroule tout au long de l'année et permet aux artistes de présenter l'exposition de leur projet.

Les trois partenaires du projet sont :
- Akademie Solitude de Stuttgart au Bade-Wurtemberg

41. Notons que ce groupe de travail, initialement intitulé "Art et culture" a progressivement pris comme titre "Arts et culture" souhaitant insister sur la pluralité et la diversité des activités artistiques et culturelles des Quatre Moteurs.

- la Nau de Sabadell en Catalogne
- ART3, de Valence en Rhône-Alpes

Le financement du projet est assuré par les apports des régions et par les ressources propres des organismes qui accueillent les expositions et les artistes résidants.

2. La biennale d'art contemporain : Carambolage

En juin 1990, la conférence culturelle "Interrégion 1990" a été organisée à Toronto, avec des représentants des régions des Quatre Moteurs. Il a été décidé, par les présidents des Quatre Moteurs invités par le président de la province d'Ontario, de préparer une exposition commune d'art contemporain.

Le groupe de travail "Arts et culture" a pris sous sa responsabilité l'organisation de cette exposition. Le Bade-Wurtemberg a été retenu pour la première exposition, le projet devenant ainsi l'expression de la contribution du groupe des Quatre Moteurs aux cérémonies commémoratives prévues pour le quarantième anniversaire de la création du Land.

"Carambolage" est donc bien le résultat de cette coopération multirégionale, à partir du travail d'une commission d'experts nommée par l'occasion par le groupe de travail. Dans le catalogue de présentation de la première exposition, on peut lire :

"Un carambolage, par le heurt qu'il produit, induit toujours de nouvelles impulsions aux billes visées. De ces nouvelles impulsions résultent de nouvelles situations. De telles interactions dépendent d'abord, et en tout cas, d'actives confrontations - que le résultat final soit antinomique ou parallèle. [...] Un spécialiste engagé de la scène artistique de chaque région partenaire est responsable pour le choix des deux artistes de sa région. Par conséquent, l'hétérogénéité des propositions esthétiques retenues est tout à fait revendiquée".

La première édition de l'exposition "Carambolage" a eu lieu à Baden-Baden en 1992 ; elle a reçu 2000 visiteurs.

La deuxième édition a eu lieu à Grenoble, du 9 octobre 1994 au 1er janvier 1995. Les organisateurs de ce "Carambolage II" indiquent que depuis Baden-Baden, "l'échange de réflexion artistique s'est prolongé, la "fonction de pont" pour un dialogue culturel s'est avéré favorable"[42]. Ils ajoutent que l'exposition n'est pas thématique mais laisse entière liberté d'expression aux artistes, qui travaillent sur place pendant l'été et réalisent des œuvres spécifiques pour l'exposition. Le catalogue de l'exposition accompagne la vidéo réalisée à l'occasion de l'exposition.

Pour des raisons financières, la troisième édition ne s'est pas tenue en 1996, mais, avec un certain décalage, à Barcelone, du 15 novembre au 6 janvier 1998 au Centre d'Art

---

42. *Biennale des Quatre Moteurs* + Ontario, "Carambolage II", 9 octobre 1994-1er janvier 1995, catalogue édité par le Centre national d'art contemporain de Grenoble, 1994, 80 p.

Santa Monica. L'exposition a été centrée sur les "Nouvelles technologies et les nouveaux média dans l'art contemporain".

"Carambolage III" expose les travaux d'Antoni Abad pour la Catalogne, de Katharina Wibmer et de Joachim Fleischer pour le Bade-Wurtemberg, de Walter di Giusto pour la Lombardie, et d'un collectif de jeunes artistes pour la région Rhône-Alpes. Le lien qui unit ces propositions est l'utilisation des moyens audiovisuels et l'application des médias à la création artistique. La technologie est présente dans chacune de ces œuvres, exclusivement créées pour cette exposition.

La prochaine exposition aura lieu en Lombardie, en 2000. Il est envisagé d'accueillir plus d'artistes et de présenter plus de disciplines artistiques. "Carambolage IV" pourrait devenir une "photographie du panorama de la création artistique contemporaine des Quatre Moteurs"[43].

Par ailleurs, le groupe de travail a émis l'idée que l'exposition "Carambolage" pourrait à l'avenir voyager dans les autres régions partenaires.

3. Le festival de théâtre pour jeunes (Segnali-Lombardie)

Avec l'exposition Carambolage, il s'agit de l'autre grand projet culturel des Quatre Moteurs, les quatre partenaires considérant qu'ils disposaient d'atouts importants dans ce domaine du théâtre jeune public. Chacune des régions a fait du théâtre pour jeunes un thème important de sa politique culturelle. Le théâtre contemporain est placé au centre de ce projet de coopération qui doit permettre d'échanger et de confronter des pratiques théâtrales très diverses selon les régions. Le public visé est bien sûr celui des enfants, mais il pourrait, au fil du temps, s'élargir à un ensemble plus vaste incluant les parents et les enseignants, de la maternelle à l'université.

Ce festival est désormais ouvert, depuis 1997, à la participation de troupes de théâtre des régions des Quatre Moteurs. Ainsi, en mai 1998, le festival lombard Segnali a-t-il accueilli à Pavie des artistes des régions partenaires. Il est prévu qu'il tourne désormais chaque année dans une région partenaire : à Heidelberg, au Bade-Wurtemberg en 1999, en Catalogne en 2000 et en Rhône-Alpes en 2001, avec la Biennale Théâtre Jeunes Publics. A l'occasion de chacune de ces manifestation, des séjours culturels d'enfants et de jeunes originaires des quatre régions seront proposés.

En dehors des représentations théâtrales, le festival souhaite également promouvoir la formation et la recherche sur le théâtre et les jeunes.

43. Compte-rendu de la *15e réunion du groupe de travail "Arts et Culture"*, Barcelone, 14 novembre 1997.

4. La semaine d'art régional du Bade-Wurtemberg (Festival de Fellbach)

A l'occasion de la 18e semaine d'art régional, les Quatre Moteurs ont célébré, du 17 juillet au 6 août 1998 à Fellbach au Bade-Wurtemberg, les dix ans de coopération interrégionale des Quatre Moteurs avec un festival international des arts à caractère multidisciplinaire, permettant aux artistes de chaque région partenaire de présenter leurs œuvres.

Les artistes invités sont les professionnels du théâtre, de la danse, de la musique, des arts plastiques des Quatre Moteurs. Pour Rhône-Alpes, les compagnies invitées ont été Transe Express de Crest, dans la Drôme et l'ensemble Louis Sclavis de Lyon.

5. La création d'une agence européenne pour les biens culturels

La Lombardie organise plusieurs rencontres avec le support et la collaboration des régions des Quatre Moteurs, afin de mettre en commun les expériences de diverses régions européennes dans ce domaine.

Un séminaire international s'est tenu à Milan le 3 juillet 1996 portant sur "Une proposition pour l'Europe : systèmes informatiques sur les biens culturels, banques de données, réseaux et applications thématiques" auquel ont participé des experts des quatre régions.

L'objectif de cette agence européenne serait de sauvegarder et de mettre en valeur le patrimoine culturel et environnemental européen.

6. Un patrimoine pour l'Europe (concours organisé pour les lycéens et apprentis)

Dans le cadre de la construction de l'Union européenne, les Quatre Moteurs ont voulu promouvoir l'idée d'une identité culturelle européenne. Sur la proposition du "Groupement Rhône-Alpes des Amis de Musée", il a été décidé de lancer une campagne de sensibilisation du patrimoine auprès des jeunes européens. Cette campagne s'est ouverte le 27 février 1998 à Grenoble, en présence des délégués de chacune des régions partenaires ainsi que des représentants des pouvoirs publics, du milieu éducatif, de monde associatif, de la presse, intéressés par le domaine de la culture et de l'éducation.

Un appel à projets, conduits par des jeunes lycéens donne lieu à un concours. Celui-ci a pour objectif en 1988-1999 l'étude d'un élément gothique en Rhône-Alpes et dans les régions partenaires, dans le cadre du thème : "l'art gothique, langage intra-européen". Il comporte un dossier préparatoire dont la réalisation s'étale sur une année. Le concours a pour objectif de "contribuer à transmettre à la jeunesse le goût et l'amour du patrimoine historique et artistique. Il lui apprend à se l'approprier comme un bien hérité et transmissible"[44]. Ce concours concerne le patrimoine architectural et muséographique de quatre régions partenaires et vise à encourager le travail en équipes de jeunes. Le document remis à la presse le 27 avril 1997

---

44. Quatre Moteurs pour l'Europe, *Un patrimoine pour l'Europe, règlement du concours*, Grenoble, 27 février 1998.

indique que ce concours "valorise l'esprit d'initiative et la connaissance du milieu social et professionnel qui constitue l'environnement de chaque élément du patrimoine : pouvoirs publics, milieu associatif, corps professionnels de la conservation, de la restauration et de la valorisation culturelle et touristique. Il contribue à développer le goût d'entreprendre"[45]. Ce concours est ouvert aux établissements possédant au moins trois classes de type lycée, ainsi qu'aux centres de formation d'apprentis. La cérémonie officielle de remise des prix a eu lieu le 5 mai 1999. Deux régions, Rhône-Alpes et Lombardie, ont participé à ce concours en 1998 et 1999, avec respectivement 16 et 13 lycéens. Les quatre régions devraient participer au concours pour l'année scolaire 1999-2000 sur le thème "Châteaux et fortifications".

II. Le groupe de travail "Affaires sociales"

Les travaux du groupe de travail "Affaires sociales" ont été essentiellement axés sur la préparation des *Conférences sociales* des Quatre Moteurs qui permettent entre les régions partenaires un échanges d'expériences et d'idées. Elles sont l'aboutissement d'une concertation de haut niveau entre les services régionaux et les experts compétents sur la politique sociale menée dans chacune des régions.

La *première Conférence sociale* s'est tenue les 25 et 26 juin 1991 à Stuttgart et a porté sur le thème "Premiers échanges sur les politiques sociales de chaque région".

A la suite de cette *première Conférence sociale*, les Quatre Moteurs ont mis en place quatre groupes de travail :

- Troisième âge, animé par le Bade-Wurtemberg
- Marginalisation et risque social, animé par la Catalogne
- Volontariat, animé par la Lombardie
- Handicapés, animé par Rhône-Alpes

Les rapports de ces quatre groupes ont constitué la base des travaux de la *deuxième Conférence sociale* qui s'est tenue les 19, 20 et 21 février 1992 à Barcelone sur le thème "Marginalisation et risque social".

La *troisième Conférence sociale* s'est tenue les 18 et 19 mai 1994 à Milan sur le même thème que celui de Barcelone.

La *quatrième Conférence sociale* s'est tenue les 14 et 15 novembre 1995 à Charbonnières sur le thème "Insertion sociale et professionnelle des personnes handicapées". Une étude comparative des compétences sociales des régions partenaires a été présentée, fournissant des informations synthétiques sur le cadre juridique et administratif de l'exercice des compétences sociales dans les quatre régions, ainsi que sur la mise en œuvre des politiques sociales dans les régions partenaires[46].

---

45. *Ibid.*
46. *Quatrième Conférence sociale des Quatre Moteurs pour l'Europe* : "Étude comparative des compétences sociales des régions partenaires", Région Rhône-Alpes, Direction des Relations Internationales, Charbonnières, 14 et 15 novembre 1995, 32 p.

Une série d'indicateurs sociaux a également été présentée et a fait l'objet d'une analyse comparative[47].

La *cinquième Conférence sociale* s'est tenue les 11 et 12 juin 1997 à Stuttgart sur le thème : "La famille comme moteur dans l'Europe des régions".

Cette cinquième Conférence sociale a évoqué les politiques familiales menées par les Quatre Moteurs comme élément d'aménagement des conditions économiques des familles mais aussi de reconnaissance des apports des différents membres de la famille, de soutien à la cohésion familiale et à la garde des enfants.

En fin de conférence, la déclaration finale commune a permis aux Quatre Moteurs d'afficher les principales coopérations qui seront poursuivies.

La Commission permanente des Affaires Sanitaires et Sociales des Quatre Moteurs a constitué quatre groupes de travail sur les thèmes suivants, qui ont présenté leurs conclusions lors de la cinquième Conférence sociale :

- Famille et travail (groupe de travail Bade-Wurtemberg). Ce thème concerne la conciliation et l'équilibre entre vie familiale et vie professionnelle, le soutien financier à mettre en œuvre pour la garde des enfants et la reprise d'une vie professionnelle après une interruption pour raison familiale. Le chômage des jeunes a fait l'objet d'une présentation des différentes expérimentations en cours dans les quatre régions partenaires.
- Situation sociale des familles (groupe de travail Catalogne). Les principaux thèmes évoqués se rapportent à la famille (enfants, personnes âgées, personnes handicapées), à l'habitat (programme d'accès à la propriété, logements sociaux) et aux mesures fiscales à mettre en œuvre. La région Rhône-Alpes, sans compétence explicite en matière sanitaire et sociale à décidé de ne pas participer à ce groupe de travail
- Famille, bénévolat et engagement civil (groupe de travail Lombardie). Les principales propositions ont porté sur la nécessité d'élaborer une charte des droits et des devoirs des bénévoles s'accompagnant d'une charte de la qualité des services à la personne.
- Famille et santé (groupe de travail Rhône-Alpes). Le groupe de travail a présenté deux axes de réflexion : l'utilisation à l'échelle interrégionale de données d'observation de la santé des familles et l'évaluation de projets de prévention de la santé, concernant notamment le sida et la toxicomanie.

---

47. *Quatrième Conférence sociale des Quatre Moteurs pour l'Europe* : "Indicateurs sociaux", Région Rhône-Alpes, Direction des Relations Internationales, Charbonnières, 14 et 15 novembre 1995 (en quatre langues).

III. Le Quadrige de l'Économie

Travaux de la Commission "Économie"

Cette commission, placée sous la responsabilité de la Lombardie, comprend trois groupes de travail :
- Économie
- Agriculture
- Emploi

I. Le groupe de travail "Économie"

Le groupe de travail "Économie" est organisé autour de plusieurs perspectives fondamentales :
- la coopération entre les organisme de promotion économique des régions des Quatre Moteurs : GWZ (Agence pour la coopération économique internationale du Bade-Wurtemberg), ERAI (Entreprise Rhône-Alpes international), CESTEC (Centre pour le développement technologique et industriel des PME-PMI de Lombardie), COPCA (Consortium de promotion commerciale de Catalogne) et CIDEM (Centre d'information et de développement des entreprises de Catalogne), et la promotion commune dans des foires et salons
- un programme de stages en entreprises à l'intention des jeunes stagiaires de la formation professionnelle
- l'organisation de réunions thématiques pour les PME, comme le textile ou la qualité
- des conventions d'affaires d'entreprises, sur l'aéronautique (avril 1994 en Rhône-Alpes), et sur les technologies de l'environnement (octobre 1994 à Stuttgart)
- des aides à l'accès des PME aux subventions de l'Union européenne pour leurs collaborations avec les pays d'Europe centrale et orientale
- le suivi du programme SPRINT, concernant la collaboration interrégionale des PME pour la technologie et la recherche.

Cette coopération multilatérale s'est manifestée autour de plusieurs axes :

1. Les Colloques, Rencontres, Conférences et Congrès

La liste ci-dessous n'est certainement pas exhaustive mais elle donne une idée assez claire de l'activité particulièrement fournie des Quatre Moteurs en matière de colloques, séminaires ou congrès.
- juin 1988 : Colloque sur le thème : "Les entreprises du génie urbain et les perspectives européennes de 1992", organisé par l'Institut national du Génie urbain de Lyon, avec des spécialistes du Bade-Wurtemberg, de Lombardie et de Rhône-Alpes
- novembre 1988 : Colloque réunissant les spécialistes européens de la pharmacie à l'occasion d'IPHARMEX Lyon

- septembre 1989 : venue de représentants du Bade-Wurtemberg, de la Catalogne et de la Lombardie aux troisièmes Rencontres de la Recherche à Grenoble
- octobre 1990 : présence de scientifiques du Bade-Wurtemberg, de Catalogne et de Lombardie au Colloque sur la mucoviscidose organisé par Rhône-Alpes
- octobre 1990 : venue de scientifiques catalans et lombards sur SYMBIO ; Colloque sur les techniques avancées sur les sciences de la vie à Lyon
- février 1991 : venue de scientifiques du Bade-Wurtemberg, de Catalogne et de Lombardie aux Quatrièmes Rencontres de la Recherche à Grenoble
- mai 1991 : Colloque du Groupement Européen d'Intérêt Économique (GEIE) à Lyon, avec l'intervention de spécialistes du Bade-Wurtemberg, de Catalogne et de Lombardie
- juin 1991 : Colloque sur les céramiques en Rhône-Alpes avec des scientifiques et industriels des Quatre Moteurs et du Piémont
- septembre 1991 : Colloque Chimie fine, regroupant des scientifiques et industriels des Quatre Moteurs
- novembre 1991 : Colloque sur la Gestion des Ressources Humaines à l'International, avec l'intervention de spécialistes des Quatre Moteurs
- décembre 1991 : Colloque Traitement de surface, avec des scientifiques et des industriels des Quatre Moteurs
- avril 1992 : Rencontres aérospatiales de Constance organisées par la GWZ, en coopération avec ERAI, dans le cadre du programme Quatre Moteurs-Pays de Galles, sur le thème : "Aérospatial aéronautique". Six grands thèmes ont été abordés : matériaux et structures, aéronautique et acoustique, avionique, équipements spéciaux, propulseurs, serveurs instrumentation, informatique de bord
- octobre 1992 : Colloque Chimie fine, avec la participation de scientifiques et d'industriels des Quatre Moteurs
- octobre 1992 : Colloque "Normalisation et certification des produits" organisé à Charbonnières, avec l'intervention de spécialistes des Quatre Moteurs
- mars 1993 : Colloque "Imagerie" à Charbonnières, avec la participation de cinq industriels et cinq scientifiques pour chaque région
- avril 1993 : Symposium aérospatial à Constance. Près de 60 entreprises des Quatre Moteurs et de l'Ontario se sont réunies
- octobre 1993 : Conférence sur la politique des moyennes entreprises sur le thème : "Avenir de l'industrie textile et de l'habillement en Europe" à Lyon. A l'occasion de cette Conférence, un mémorandum a été signé pour assurer l'existence et l'avenir de l'industrie textile et de l'habillement dans les régions des Quatre Moteurs
- avril 1994 : Convention d'affaires "Rhône-Alpes Aéronautique 94", organisé par la région Rhône-Alpes et le pôle aéronautique de Valence Major, à Dieulefit, avec la collaboration de la GWZ (Bade-Wurtemberg), du CIDEM (Catalogne), du CESTEC (Lombardie), et de WDA (Welsh Development Agency) du Pays de Galles, et avec la participation de l'Ontario, du Québec, de la Région Wallonie, du Piémont et de l'Oklahoma
- octobre 1994 : Convention sur les technologies innovantes environnementales à Stuttgart
- septembre 1995 : Colloque sur la "Qualité et la certification" à Varèse, en Lombardie.
- novembre 1995, Colloque sur les "Technologies des procédés textiles" à Barcelone
- février 1995, Colloque sur "Les procédés d'ennoblissement" à Charbonnières

Les Quatre Moteurs en Europe

Les voies de communication routières et ferroviaires entre les Quatre Moteurs

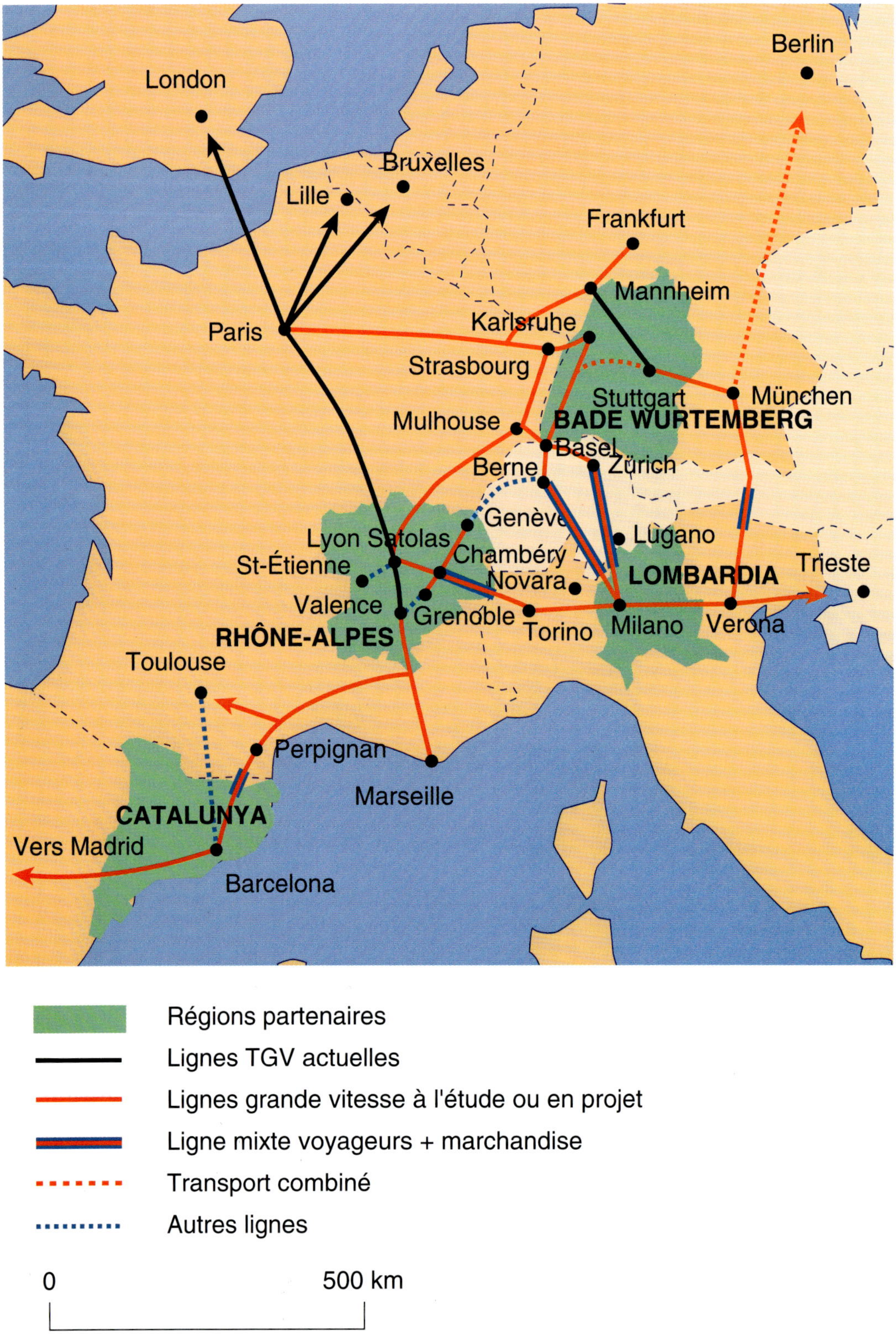

L'Allemagne et ses Länder

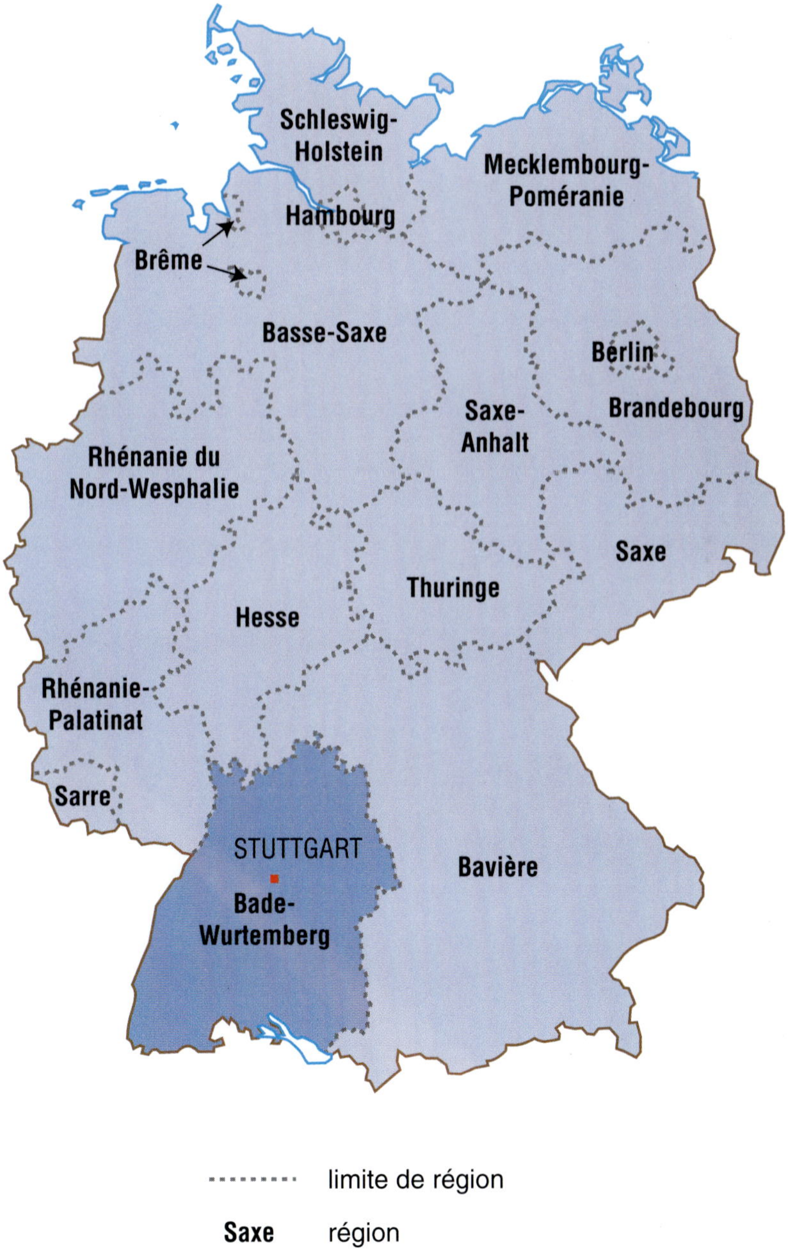

L'Espagne et ses communautés autonomes

L'Italie et ses régions

La France et ses régions

Le Land du Bade-Wurtemberg

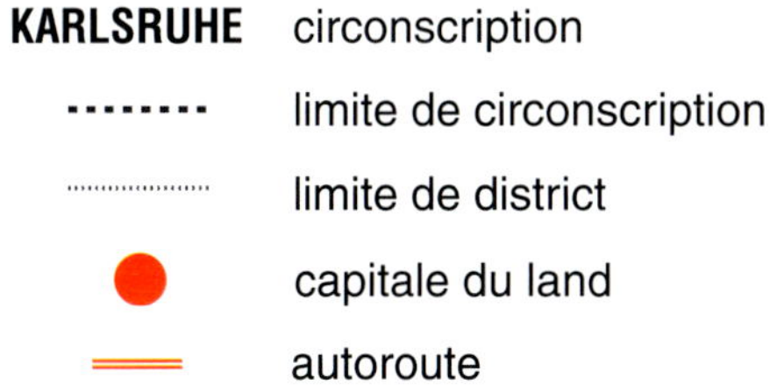

La région Catalogne

La région Lombardie

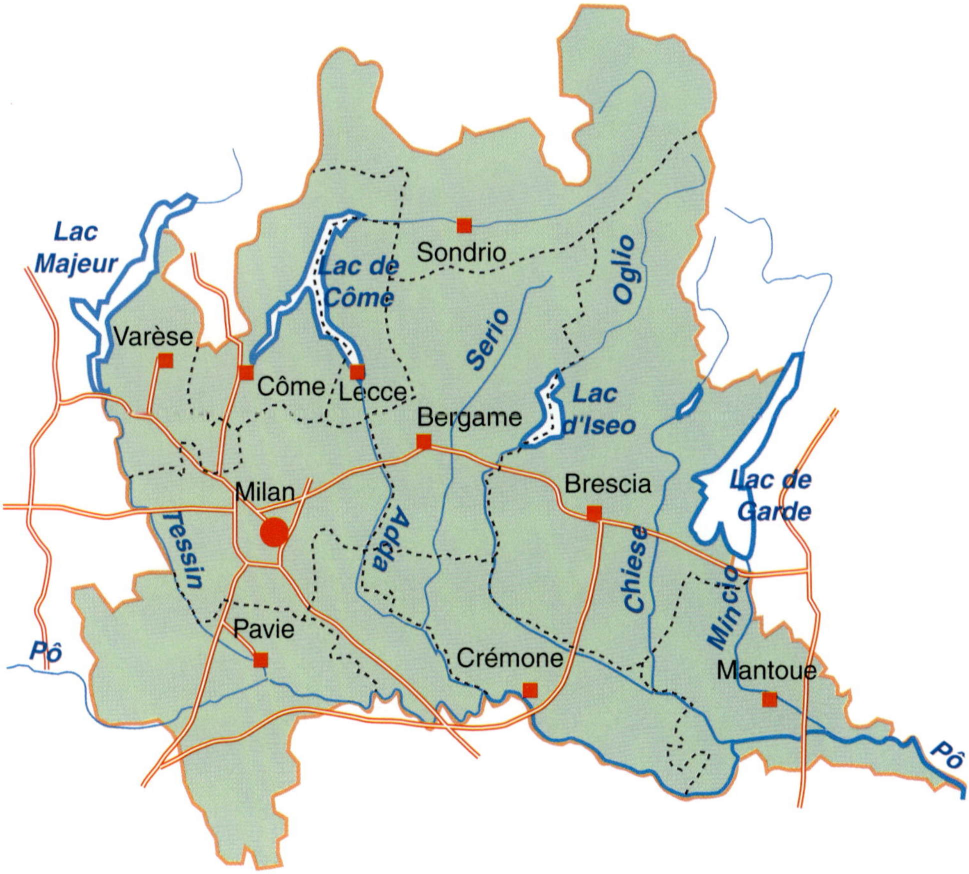

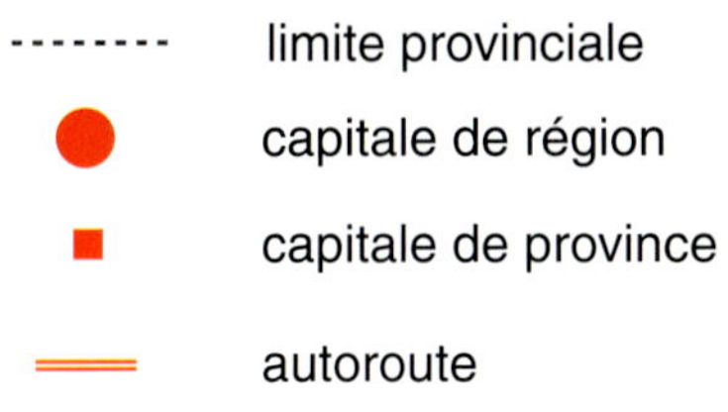

La région Rhône-Alpes

RHÔNE	département
- - - - - -	limite de département
■	préfecture
●	capitale de région
═	autoroute

Signature du mémorandum du 9 septembre 1988

de droite à gauche : M. Pujol, président de la région Catalogne ; M. Beraudier, président de la région Rhône-Alpes ; Dr. Spath, président du Land du Bade-Wurtemberg ; Dr Tabacci, président de la région Lombardie.

Europanorama à Lyon du 14-19 mai 1991

de gauche à droite : M. Millon, président de la région Rhône-Alpes ; M. Pujol, président de la région Catalogne ; M. Giovenzana, président de la région Lombardie ; M. Schaufler, ministre de l'économie du Land du Bade-Wurtemberg.

Les présidents en exercice

M. Erwin Teufel, président du Land Bade-Wurtemberg.

Mme Anne-Marie Comparini, présidente de la région Rhône-Alpes.

M. Stefano Tomé, président de la région Lombardie.

M. Jordi Pujol, président de la région Catalogne.

L'exposition : Quatre Moteurs pour l'Europe

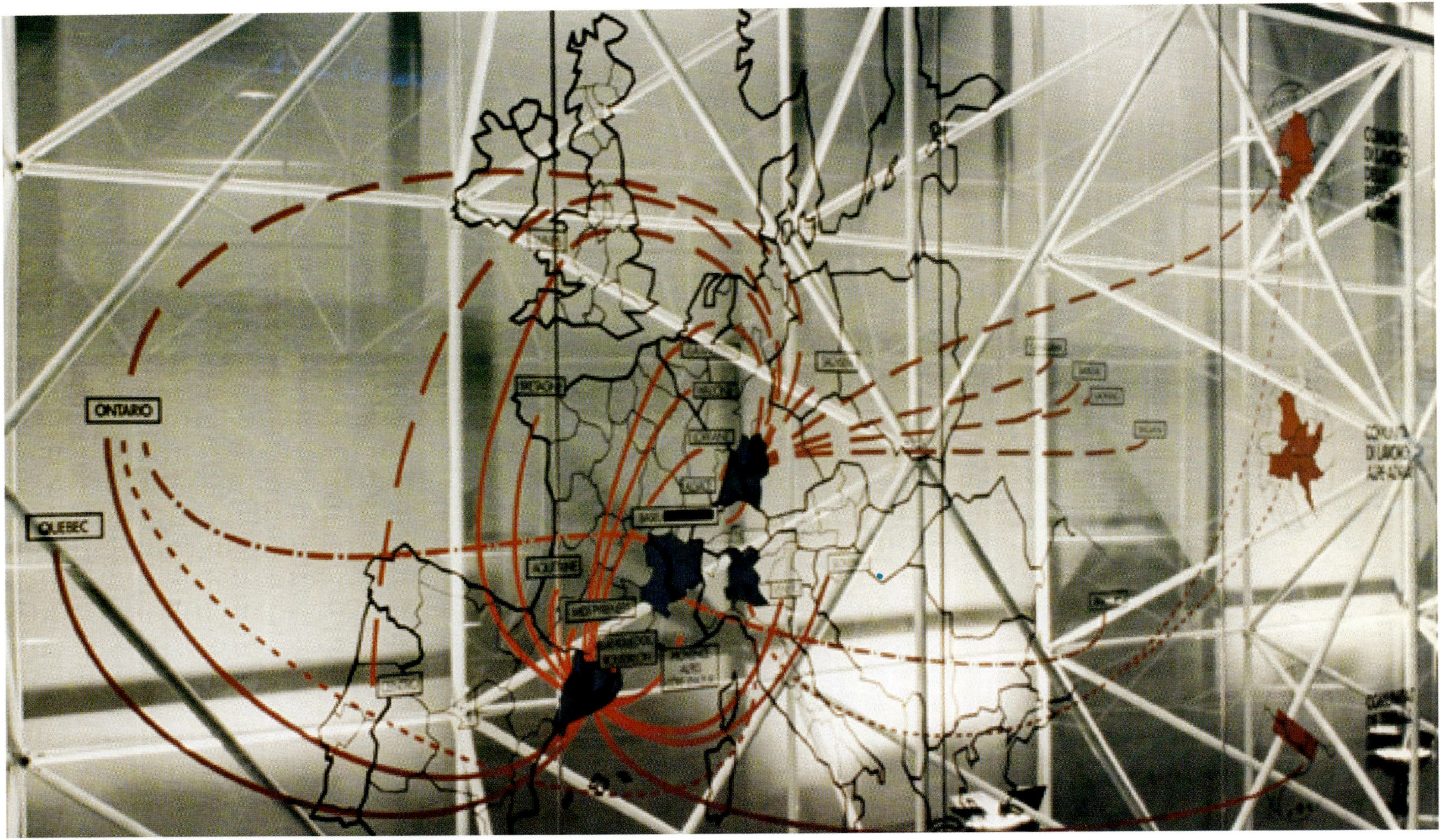

L’exposition : Quatre Moteurs pour l’Europe

Le programme MIBP : un exemple de participation du Pays de Galles aux Quatre Moteurs pour l'Europe

- février 1996, Colloque sur “Les nouveaux procédés d’ennoblissement textile et l’environnement”, à Lyon
- novembre 1996, Colloque sur “La qualité”, à Lyon
- novembre 1997, Rencontre d’affaires “Interprise” sur les biotechnologies, à Heidelberg.

2. Le programme SPRINT

Le programme SPRINT de la DG XIII de la Commission européenne vise à favoriser les transferts de technologie entre PME-PMI, centres de recherche et PMI, entre deux établissements ressortissant au moins de deux pays membres.

Le 1er septembre 1990 a été signé pour une durée de 14 mois le programme entre la Communauté européenne et la GWZ, organisme leader du programme pour les Quatre Moteurs. Ce programme a été présenté par la GWZ pour le Bade-Wurtemberg, le CIDEM pour la Catalogne, le CESTEC pour la Lombardie et ERAI pour Rhône-Alpes. Ce programme a été renouvelé à deux reprises par la Commission européenne.

Le programme de travail était le suivant :

- participation sur stands communs à des salons se tenant dans une des régions partenaires
- organisation de colloques sur la recherche appliquée interrégionale sur un thème précis et le transfert de technologie
- accompagnement de partenariats industriels et organisation de missions groupées d’entreprises
- création d’un marché d’échanges des offres et demandes en matière technologique et faisabilité de mise en place d’une banque de données.

Ce programme est arrivé à échéance en novembre 1991, le réseau a poursuivi ses actions en préparant une demande de renouvellement. La GWZ s’est retirée et a cédé sa place à la STEINBEIS, organisme du Bade-Wurtemberg spécialisé dans le transfert de technologie. ERAI est devenu leader du programme. Chaque organisme s’est concentré sur la détection d’entreprises susceptibles d’offrir ou d’acquérir une technologie et sur le traitement individuel de ces recherches de partenaires technologiques, avec la mise en contact direct d’entreprises. En 1991-1992, 23 entreprises des Quatre Moteurs ont participé à ce programme.

Le renouvellement du contrat a été signé en décembre 1992 par la CEE et ERAI pour une durée de 14 mois. Une trentaine d’entreprises des Quatre Moteurs y ont participé.

3. Les Rencontres sur la sous-traitance automobile

En vue de mettre en place une coopération entre les constructeurs automobiles et les entreprises de sous-traitance mais aussi entre les sous-traitants eux-mêmes, les partenaires des Quatre Moteurs ont organisé une manifestation commune avec les entreprises, des experts internationaux et des représentants des quatre régions.

Cette manifestation s'est tenue les 7 et 8 novembre 1995 à Lyon. Le premier jour consacré au thème "Défis et propositions", a donné l'occasion aux constructeurs et fabricants d'automobiles de définir de nouvelles stratégies et de dialoguer avec les petites et moyennes entreprises (PME) sous-traitantes. Quatre ateliers ont été organisés sur les thèmes suivants :

- relations et coopération entre constructeurs et sous-traitants, sous la présidence du Bade-Wurtemberg
- relations et coopération entre sous-traitants, sous la présidence de la Catalogne
- les outils liés à la qualité totale et à l'adaptation structurelles des PME, sous la présidence de la Lombardie
- la compétitivité par les hommes, à travers l'organisation, la formation et la motivation, sous la présidence de Rhône-Alpes.

Les quatre régions partenaires représentent ensemble entre 15 % et 18 % du marché européen de la sous-traitance automobile, marché confronté à une restructuration européenne et internationale considérable. De grandes sociétés étaient présentes à ces Rencontres entre entreprises européennes du secteur automobile : Mercedes-Benz, Fiat Ivéco, Nissan Iberica, Porsche, Volvo, ZF, Valeo, Renault Véhicules Industriels, aux côtés des nombreuses PME-PMI des différentes régions participantes.

Le deuxième jour a été consacré à des rendez-vous personnalisés entre les constructeurs et les sous-traitants et entre sous-traitants sur la base d'un questionnaire rempli par les entreprises.

Près de 200 entreprises se sont inscrites à l'opération, soit 70 entreprises rhônalpines, 59 entreprises lombardes, 35 entreprises du Bade-Wurtemberg, 16 entreprises catalanes, plus 7 entreprises suédoises, 4 belges, 3 entreprises du Pays de Galles. Au total, plus de 600 rendez-vous d'affaires ont pu être organisés.

4. La coopération dans le secteur du design

La Lombardie a présenté un projet de concours de jeunes designers dans le domaine de la création de meubles. Ce concours, ouvert aux jeunes designers d'origine lombarde, admet également des concourants d'autre origine. Le projet a pour but de créer des relations entre designers et fabricants dans le but de transformer quelques créations en produits de marché. Il s'agit, à partir de ce modèle, d'envisager des projets plus larges entre les Quatre Moteurs.

La Lombardie a par ailleurs présenté un projet INTERREG relatif au concours de jeunes designers dans le domaine de l'industrie du meuble. Les partenaires sont les centres de design de chaque région partenaire :

- au Bade-Wurtemberg : le Design Center Stuttgart
- en Catalogne : le Centre du Design
- en Lombardie : l'Institut du Design
- en Rhône-Alpes : le Pôle du Design

Les Quatre Moteurs ont participé à la Biennale du Design de Saint-Étienne, en novembre 1998, puis se sont réunis à Milan pour lancer officiellement la campagne "Four Motors for design".

5. La coopération dans le secteur du textile

Il s'agit, à la suite de la Convention textile des régions des Quatre Moteurs, signée en octobre 1993 à Charbonnières, de favoriser une coopération économique entre les entreprises du secteur textile des régions partenaires.

La méthode adoptée a consisté dans un premier temps à envoyer un questionnaire aux entreprises du secteur textile afin d'échanger des profils d'entreprises intéressées par cette coopération.

Les résultats obtenus ont conduit à retenir :

- quatre profils d'entreprises au Bade-Wurtemberg
- trois profils d'entreprises en Catalogne
- trois profils d'entreprises en Lombardie
- cinq profils d'entreprises en Rhône-Alpes.

Il s'agit par ailleurs de présenter des projets communs transnationaux entrant dans le cadre du programme européen RETEX, destiné aux régions où le secteur textile occupe une place économique importante, en vue d'aider les régions à diversifier leur activité industrielle.

La Conférence pour la préservation et le développement de l'industrie textile et du vêtement en Europe qui s'est tenue à Lyon les 18 et 19 octobre 1993 a permis de mieux cerner quatre grands thèmes qui ont fait l'objet des sessions :

- la défense de la qualité
- la défense de l'environnement
- les aides aux entreprises
- le développement de la recherche, de la technologie et de la formation.

La Lombardie envisage deux projets :

- un projet de transformation d'une friche industrielle textile en terrain d'exposition
- l'octroi d'aides financières à des entreprises de 250 employés au maximum pour les aider dans leurs projets de coopération avec des entreprises d'un secteur semblable ou différent.

Les partenaires de cette coopération sont :

- au Bade-Wurtemberg : le GWZ
- en Catalogne : le COPCA
- en Lombardie : la Région
- en Rhône-Alpes : Entreprise Rhône-Alpes International (ERAI).

Plusieurs colloques sur l'activité textile ont été organisés :

- à Varèse, en Lombardie, le 29 septembre 1995, sur le thème "Qualité et certification"
- à Barcelone, le 17 novembre 1995, sur le thème "Technologies des procédés textiles"
- à Lyon, le 23 février 1996, sur le thème "Procédés d'ennoblissement".

6. Les Rencontres sur l'aéronautique

Le Bade-Wurtemberg a proposé en 1991 un programme aéronautique-aérospatial à ses partenaires qui ont accepté de participer à un rapprochement réciproque du tissu économique et technologique de ce secteur. Le but de ce programme était d'adapter l'offre des PME-PMI au nouveau contexte du marché caractérisé par une diminution des investissements et une concentration toujours plus grande.

Un premier séminaire à Constance, les 27 et 28 avril 1992 a permis de réunir une soixantaine d'entreprises européennes des Quatre moteurs et du Pays de Galles. Les entreprises ont été sélectionnées par chaque organisateur en fonction des thèmes retenus pour les groupes de travail : matériaux, structures et technologies de fabrication, infrastructure à terre, avionique, productique et robotique, senseurs et instrumentation, sciences de l'informatique et leurs applications. La manifestation était parrainée la société allemande Dornier.

A partir des observations des participants de Constance, la région Rhône-Alpes a mis sur pied une Convention d'affaires "Rhône-Alpes Aéronautique 94" à Dieulefit les 5, 6 et 7 avril 1994. Une telle Convention permettait de privilégier le contact individuel entre participants, de fournir à l'avance une description de leurs activités et de souhaits de partenariat, et de créer des contacts, horizontaux entre sous-traitants et verticaux avec les équipementiers et les donneurs d'ordre. Dassault, Aérospatiale-Eurocopter, et Sextant Avionique ont apporté leur soutien à cette manifestation. D'autres régions ont participé à cette Convention : le Québec, l'Ontario, le Piémont, la Wallonie et Bruxelles-capitale.

La Convention s'est tenue dans la Drôme, où s'est développé le Pôle aéronautique régional, à partir de la présence de deux des principaux équipementiers européens, Sextant Avionique et SARMA. Elle a bénéficié du soutien de la Communauté européenne sous la forme d'un programme Interprise. Au total, 85 sociétés européennes et nord-américaines, PME-PMI et donneurs d'ordres, ont participé à "Rhône-Alpes Aéronautique 94".

7. Colloque Qualité et la naissance du sous-groupe de travail Qualité

L'objectif de ce Colloque, organisé le 14 novembre 1996 à Lyon, était de réunir des industriels rhônalpins et des experts européens des Quatre Moteurs.

Dans le cadre du "Mois français de la qualité", la Commission "Économie" des Quatre Moteurs et le Mouvement français pour la Qualité de Rhône-Alpes, en association avec des professionnels et experts de la Suisse romande et de la Région Piémont, en organisant ce colloque, a voulu souligner l'importance stratégique de la Qualité, notamment dans le secteur agro-alimentaire, la métallurgie et l'industrie routière.

A l'issue du colloque, les partenaires ont rédigé une convention visant à :

- conjuguer leurs efforts pour développer la qualité dans leur région,
- s'inviter aux manifestations qui relèvent des domaines d'activité qui les concernent,
- se concerter pour définir les messages cohérents et complémentaires destinés à promouvoir la qualité, la normalisation et la certification sous toutes ses formes,
- faciliter les échanges entre les différents experts compétents dans leurs domaines,

- organiser, au minimum, une manifestation commune annuelle à tour de rôle dans chacune des régions.

8. Rencontre d'affaires "Interprise" sur les biotechnologies

Les partenaires des Quatre Moteurs ont organisé, du 12 au 14 novembre 1997 à Heidelberg, une manifestation commune avec des groupes de recherche, des entreprises et des représentants des quatre régions, en vue de mettre en place une coopération entre ces acteurs.
Il s'agit d'une volonté de créer un pôle biotechnologique de première importance dans divers secteurs tels que l'environnement, la médecine, le textile ou l'agro-alimentaire.

Des conférences sur les nouveaux développements technologiques ont été données sur un certain nombre de thèmes spécifiques :

- Diagnostic et analyse (Bade-Wurtemberg)
- Industrie pharmaceutique (Catalogne)
- Industrie textile (Lombardie)
- Industrie agro-alimentaire (Rhône-Alpes).

Des interventions ont eu lieu concernant les aides au développement, la création d'entreprise et le financement des opérations. Des rencontres d'affaires ont été organisées entre les participants : instituts de recherche, entreprises et régions.

Des conférences ont porté sur les nouveaux développements biotechnologiques :

- Diagnostic et analyse (Bade-Wurtemberg)
- Industrie pharmaceutique (Catalogne)
- Industrie textile (Lombardie)
- Industrie agro-alimentaire (Rhône-Alpes)

Des visites d'institutions et de firmes biotechnologiques de la région du Rhein-Neckar ont terminé ces trois journées de colloque.

Cette manifestation Interprise Heidelberg 1997 s'inscrit dans le cadre du programme d'action de la Communauté européenne sur les biotechnologies. Elle a donné naissance au sous-groupe de travail "Qualité".

II. Le groupe de travail "Agriculture"

Ce groupe de travail est présidé par la Lombardie. Il a été décidé par un accord de principe des présidents le 13 février 1993. Une déclaration commune définissant les grands objectifs du groupe de travail a été signée le 23 avril 1993 et la première réunion du groupe de travail "Agriculture" a eu lieu le 26 mai 1994 à Milan, en même temps que la session milanaise de la Conférence européenne des régions vinicoles.

Cette première rencontre a été précédée d'un échange d'informations réciproques entre les régions partenaires, à partir d'un questionnaire dont l'objectif était d'illustrer un certain nombre de questions :

- l'organisation institutionnelle dans le secteur agricole
- les mesures prises par les États et les régions en application de la réglementation communautaire relative au régime de semailles, au secteur vinicole, aux mesures qui accompagnent la nouvelle Politique Agricole Commune (PAC), et enfin, aux quotas de lait en indiquant les problèmes et les impacts probables sur l'économie régionale
- les propositions d'actions et de projets communs.

La synthèse des résultats issus des questionnaires a révélé de notables différences sur la situation des régions partenaires. La Bade-Wurtemberg a une autonomie réglementaire et administrative très importante en raison de la structure fédérale de l'État allemand. La Catalogne a également un important degré d'autonomie législative et administrative, et jouit de nombreuses compétences exclusives dans le domaine de l'agriculture. La Lombardie en revanche est beaucoup plus dépendante de l'État dans ce domaine qui délègue aux entités infra-régionales les fonctions les plus opérationnelles et les plus administratives. Rhône-Alpes enfin n'a pas de fonctions administratives particulières dans ce domaine.

Des coopérations ont été envisagées dans un certain nombre de domaines :
- actions communes relatives au développement économique du monde rural
- propositions communes dans le domaine de la mesure “Coopération transnationale” du projet LEADER
- des échanges de formateurs, provenant notamment des associations professionnelles, des journalistes du secteur, des jeunes agriculteurs
- des projets de recherche concernant en particulier les revenus agricoles, avec un intérêt porté à l'importance croissante des seconds revenus : agro-tourisme, tourisme rural.

La deuxième réunion a eu lieu les 28 et 29 avril 1995 à Stuttgart. A cette occasion, les principales conclusions du rapport Roche (conseiller régional Rhône-Alpes) ont été présentées par Rhône-Alpes aux trois autres partenaires.

La troisième réunion du groupe de travail a eu lieu le 10 janvier 1996 à Charbonnières.

Elle a donné lieu à un échange de points de vue et à la validation du texte de la “résolution Weiser” qui a été signée dans les jours qui ont suivi par les quatre ministres et vice-présidents chargés de l'agriculture des quatre régions.

Cette résolution a pour but de demander une simplification de la réforme de la Politique agricole commune et de préciser la position des quatre régions face aux perspectives d'élargissement à l'Est.

Début mai 1996 la déclaration de M. Weiser a été présentée à M. Fischler, commissaire européen à l'agriculture, et les 8 et 9 juillet 1996, la déclaration à été présentée officiellement par les quatre ministres et vice-présidents de l'agriculture des Quatre Moteurs à M. Fischler, à Bruxelles.

Les 7 et 8 novembre 1996, des délégations des Quatre Moteurs ont participé à la Conférence sur le développement rural à Cork, en Irlande, à l'invitation de M. Fischler.

Les 13 et 14 novembre 1996, un séminaire sur l'agro-tourisme et le tourisme rural a été organisé à Reus, en Catalogne.

La quatrième réunion du groupe de travail "Agriculture" a eu lieu les 11 et 12 mars 1997 en Catalogne.

Le 29 avril 1997, le groupe de travail s'est réuni à la Délégation de la Région Rhône-Alpes à Bruxelles dans le cadre du "Forum européen sur la cohésion" pour mettre en place une réflexion concernant l'avenir de la réforme des fonds structurels. Il a mis au point un document de discussion, qui plaide en faveur de la préservation des aides venant des fonds structurels accordées aux régions particulièrement défavorisées, de même que pour une conception intégrée de la politique agricole et environnementale[48].

Le 24 juillet 1997, une rencontre des quatre ministres et vice-présidents de l'agriculture a eu lieu à Ludwigsburg, au Bade-Wurtemberg. Le groupe de travail "Agriculture" s'est ensuite réuni les 11 et 12 mars 1998 à Milan et le 29 mai 1998 à Bruxelles.

1. Échanges de jeunes stagiaires en formation professionnelle agricole

L'une des conclusions du rapport de mission de M. Claude Roche, conseiller régional Rhône-Alpes, a été de proposer que les Quatre Moteurs s'unissent pour favoriser les échanges de jeunes originaires de leurs région dans le cadre de stages en entreprises ou sur une exploitation agricole.

Il s'agit de donner à des jeunes en cours de formation professionnelle agricole et agro-alimentaire l'opportunité de vivre une expérience à caractère professionnel significative dans une région des Quatre Moteurs.

L'intervention de la région Rhône-Alpes vise à soutenir un projet d'échange entre établissements de deux régions partenaires. Un stage en entreprise permettra aux élèves de connaître concrètement le milieu professionnel. Le partenariat entre les équipes pédagogiques des établissements doit se pérenniser afin de profiter à plusieurs groupes d'élèves au fil des années.

Le type d'élèves concernés va du niveau CAP (Certificat d'aptitude professionnelle) à BTS (Brevet de technicien supérieur), dans les spécialités de l'horticulture, de la viticulture, de la gestion de l'espace. La durée des stages varie entre trois semaines et quatre mois selon les accords des établissements.

L'établissement de départ doit prévoir une préparation des jeunes à la découverte de l'autre région (géographie, économie, système politique, culture). Une initiation à la langue de la région d'accueil peut être envisagée avant le départ. L'établissement d'accueil doit s'engager à accompagner les stagiaires pendant les premiers jours de leurs séjours et à faciliter leur intégration sur l'exploitation et dans l'entreprise. Un système d'échange entre les familles peut être mis en place pour l'hébergement.

48. Quatre Moteurs pour l'Europe, *Compte-rendu du plan 1997-1998*, *op. cit.*, p.8.

Dans ce dispositif, les régions peuvent intervenir à deux niveaux :

- faciliter la mise en relation des établissements selon leurs projets et leurs spécialités,
- contribuer au financement des projets de stages. Pour cela, Rhône-Alpes dispose d'un cadre "le Permis de réussir" qui permet d'encourager les projets originaux et innovants des établissements, visant notamment à faciliter l'orientation et l'insertion professionnelle des jeunes.

Un montant fixe par élève couvre le transport et le financement d'heures pédagogiques destinées à la préparation au stage.

2. La coopération transnationale dans le cadre du programme européen LEADER II

L'initiative communautaire LEADER II est un programme destiné à promouvoir l'innovation dans les zones rurales les plus fragiles de l'Union européenne, classées "zones objectif 5b". Entre 1991 et 1994, le programme LEADER I a concerné trois des quatre partenaires des Quatre Moteurs, le Bade-Wurtemberg, la Catalogne et Rhône-Alpes[49].

Depuis 1996, les quatre partenaires sont concernés par LEADER II. Dans le prolongement de l'étude comparative menée par la Lombardie sur le Plan de développement rural (objectif 5b), Rhône-Alpes a réalisé un travail similaire sur la mise en œuvre de LEADER I et LEADER II dans les Quatre Moteurs[50].

La région Rhône-Alpes a été chargée par le Préfet de région Rhône-Alpes d'une mission visant à aider les Groupes d'action locaux (GAL) rhônalpins à développer des projets communs avec les GAL des quinze pays de l'Union européenne. Il s'agit d'une opportunité intéressante pour favoriser les mises en relation et renforcer les transferts d'expériences entre les GAL des Quatre Moteurs.

Les GAL des Quatre Moteurs ont participé au séminaire organisé à Dieulefit par la région Rhône-Alpes du 2 au 6 avril 1997.

Une étude comparative LEADER II a été présentée aux Quatre Moteurs le 11 mars 1998 à Milan. Elle a servi de base à l'élaboration d'une nouvelle résolution prenant en compte la future initiative communautaire consacrée au développement rural.

Par ailleurs, le groupe de travail "Agriculture" a élaboré un document commun sur l'Agenda 2000 remis à la DG VI le 24 février 1998, présentant la démarche commune des Quatre Moteurs en matière de développement rural.

---

49. Une première étude comparative sur *La mise en œuvre de l'objectif 5b en Rhône-Alpes et au Bade-Wurtemberg* a été réalisée en septembre 1995 par Nathalie Brun, dans le cadre d'un contrat d'étude passé entre la Région Rhône-Alpes et le CERAT de Grenoble, sous la responsabilité de Pierre Kukawka.
50. Région Rhône-Alpes, "LEADER II : *Approche comparative du Programme d'Initiative Communautaire "Liaison Entre Actions de Développement de l'Économie Rurale"* dans les Quatre Moteurs, Pôle Européen Agro-alimentaire, Charbonnières, 1998, 45 p.

Il a également organisé une table ronde en octobre 1998 sur le thème des femmes en milieu rural dans les Quatre Moteurs. Le séminaire a regroupé des organisations de femmes en milieu rural, agricultrices ou non, et originaires des quatre régions.

Des échanges de fonctionnaire ou d'acteurs du monde rural ont été organisés, avec comme objectif un échange d'expériences sur un thème précis. La première rencontre a eu lieu à Barcelone en octobre 1998 sur le thème de "l'analyse des flux de marchandises et des outils statistiques dans l'agro-alimentaire entre les régions". Le prochain thème retenu est celui de l'agriculture biologique, au Bade-Wurtemberg, en 1999.

3. Les femmes dans les espaces ruraux

Les quatre responsables régionaux de l'agriculture ont signé un accord sur la réalisation d'un projet concernant "la promotion de l'égalité des chances des femmes dans l'espace rural". Il a été décidé de soutenir la création d'un réseau d'échange et de diffusion d'informations dans ce domaine, d'élever le niveau de formation et de qualification des femmes, de soutenir l'échange d'informations et d'expériences entre les administrations régionales, les collectivités locales, les institutions et organismes compétents et les représentants des régions chargés de la question féminine. La premier séminaire sur le thème des "femmes dans les espaces ruraux" s'est tenu à Stuttgart, les 26, 27 et 28 octobre 1999. Le prochain séminaire est prévu en Rhône-Alpes.

4. Marketing et commercialisation de produits régionaux

Les régions Rhône-Alpes et Lombardie ont manifesté leur intérêt pour la promotion des produits régionaux en Bade-Wurtemberg et en Catalogne sous un sigle spécial d'origine et de qualité. Elles souhaitent un échange d'experts de courte durée afin d'échanger des informations sur les expériences acquises.

5. Une agriculture à proximité des villes

Rhône-Alpes, la Catalogne et la Lombardie ont décidé de cerner les problèmes communs existant dans le domaine du périurbain et de fixer les modalités permettant de créer un réseau de relations entre les zones urbaines, l'agriculture et les zones rurales, dans le cadre du programme "Agriville Europe".

III. Le groupe de travail "Emploi"

Il s'agit d'un groupe de travail créé à l'initiative de la Lombardie qui a tenu sa première réunion le 28 mars 1996 à Milan. Au départ intitulé "Emploi et famille" ce groupe de travail est devenu par la suite le groupe "Emploi".

Les objectifs de ce groupe sont les suivants :

- faire état de toutes les recherches existantes dans les régions partenaires sur le thème "emploi et famille",
- faire le bilan de toutes les lois et normes ayant trait à l'emploi,

- mieux connaître les politiques de soutien financier accordé aux politiques de la famille et de l'emploi,
- estimer les problèmes rencontrés pour la mise en place des mesures ou des aides communautaires,
- appréhender la famille dans son rôle économique en tant que lieu de développement des services.

IV. Le Quadrige de l'Aménagement du Territoire

Travaux de la Commission "Aménagement du territoire»

Cette commission, placée sous la responsabilité de la région Rhône-Alpes comprend quatre groupes de travail :
- Transports et communications
- Environnement
- Échanges informatiques
- Télérégion (Bade-Wurtemberg)

I. Le groupe de travail "Transports et communications"

La responsabilité du groupe de travail a été confiée à la région Rhône-Alpes, et le Piémont a été admis comme observateur.

Les réflexions et les actions du groupe de travail s'articulent autour de deux axes : d'une part, la définitions des enjeux et des objectifs communs aux région partenaires en matière de transports, et d'autre part, un échange d'expériences et de coopérations.

Les Quatre Moteurs considèrent que les transports seront l'un des enjeux les plus importants des régions et de l'Europe au cours des années à venir. Ils ont publié, dès novembre 1989, un mémorandum définissant leurs objectifs communs d'aménagement des infrastructure et d'organisation des transports. Ce mémorandum a été communiqué par les quatre Présidents à la Commission européenne et à leur gouvernement respectif.

Les concertations se sont poursuivies dans le cadre des "Rencontres régionales sur les transports de marchandises et la logistique" tenues en Rhône-Alpes en juin 1991.

Les Quatre Moteurs et le Piémont ont décidé de constituer un groupe d'experts en transport aérien qui s'est réuni en 1991. Sa mission a consisté à établir un diagnostic précis de leurs relations aériennes et à définir les actions à engager pour remédier aux insuffisances des liaisons fréquentes entres leurs capitales régionales. Une avancée concrète a été effectuée avec l'ouverture, en mai 1992 d'une liaison aérienne quotidienne entre Lyon et Stuttgart, avec aller-retour possible dans les deux sens dans la journée.

En avril 1996, ils ont réaffirmé leur ambition dans ce domaine en diffusant une publication illustrant la "Résolution sur la politique communautaire des transports par chemins de fer" signée par les présidents des Quatre Moteurs le 27 mars 1995 à Charbonnières.

Les régions partenaires y indiquent qu'elles souhaitent s'inscrire dans une politique des transports globale et cohérente, répondant aux besoins de mobilité des personnes et des biens. Elles souhaitent que le mode ferroviaire retrouve toute sa crédibilité et demandent à l'Union européenne de concrétiser l'effort entrepris :

- en matière de gestion et d'exploitation :
  - par la clarification du système de gestion et d'exploitation des chemins de fer ;
  - par la transposition rapide des textes communautaires en droit international ;
  - par la répartition adéquate des responsabilités entre États, régions et entreprises ferroviaires, en particulier pour les services régionaux.

- en matière de développement du réseau ferroviaire transeuropéen :
  - par la collaboration des régions au développement des infrastructures ferroviaires, la responsabilité générale restant aux États membres ;
  - par la réalisation des projets améliorant de façon radicale quatre itinéraires majeurs :
    - Catalogne – Rhône-Alpes
    - Rhin – Rhône
    - Lyon – Turin – Milan
    - Bade-Wurtemberg – Lombardie

En mai 1995, les membres du groupe de travail ont visité le réseau de transports de Karlsruhe, une référence en Europe pour ce qui est de l'intégration et de la complémentarité urbain - péri - urbain - régional (tramway + train).

Une proposition de résolution concernant les restrictions suisses sur le transport de marchandises transfrontalier, dans le massif alpin, a été rédigée. Les régions partenaires ont pour objectif de transférer, autant que possible sur les rails, l'actuel transport transfrontalier. Elles s'inquiètent à propos des capacités supplémentaires disponibles à moyen terme pour un transfert massif. Cette proposition a été présentée lors de la Conférence des présidents, le 24 juillet 1997 à Stuttgart.

Le transport aérien régional ou la relation entre le transport et l'urbanisme émergent en tant que nouvelles préoccupations communes des Quatre Moteurs.

La région Rhône-Alpes a présenté deux études sur le transit et la saturation, lors de la réunion du groupe de travail le 27 janvier 1997 à Barcelone. Elle souhaite associer ses partenaires à la poursuite de ces études, les modalité de cette coopération restant à définir.

Les membres du groupe de travail ont visité le réseau périurbain de Barcelone en janvier 1997.

Les région partenaires ont entrepris un travail d'analyse et de comparaison sur la régionalisation de l'organisation des transports de voyageurs dans les Quatre Moteurs. Cette coopération donne lieu à un échange d'étudiants entre les quatre régions autour de deux aspects : les aspects institutionnels et les projets développés.

Le travail d'analyse et de comparaison de la régionalisation de l'organisation des transports voyageurs dans les Quatre Moteurs a permis à deux étudiants, un pour le Bade-Wurtemberg et un pour Rhône-Alpes de recueillir les premiers éléments d'analyse sur ce sujet. Sur cette base, les membres du groupe de travail ont décidé d'élaborer un document technique sur les transports régionaux dans chaque région qui comprendra :

- une présentation des aspects qualité de la convention Rhône-Alpes – SNCF pour les transports régionaux
- une présentation du système d'information de la Lombardie
- la visite du réseau ferroviaire de l'Ouest lyonnais et du chantier des nouveaux quais régionaux de Lyon-Perrache
- une visite et la présentation du projet "Passante" à Milan
- une présentation des nouveaux matériels ferroviaires : TGV Duplex et rame Corail Rhône-Alpes.

Il est prévu pour 1999 l'élaboration d'un ouvrage sur les transports régionaux.

1. Le positionnement politique sur les sujets d'actualité en matière de transports

Les thèmes retenus pouvant faire l'objet d'un positionnement politique des régions partenaires sont au nombre de quatre :

- le développement du réseau ferroviaire à grande vitesse : à la suite des sommets européens de Corfou et d'Essen, il s'agit pour les régions partenaires de prendre position sur les actions européennes en faveur du développement du réseau ferroviaire à grande vitesse.
- la régulation communautaire de la gestion et de l'exploitation des réseaux de chemins de fer : il s'agit de prendre position sur les directives européennes existantes, leur application et sur celles qui sont en préparation en matière d'organisation et d'exploitation des chemins de fer.
- un thème d'intérêt particulier qui sera approfondi : la réalisation et le financement des grandes liaisons ferroviaires transalpines (Fréjus, Gothard et Soluga), reprises dans le mémorandum de 1989.
- la politique de la Suisse en matière de trafic de transit : il s'agit, dans le cadre des échanges économiques européens à travers les Alpes, d'analyser les dispositions prises par la Suisse en matière de trafic de marchandises de transit, d'en apprécier les implications pour les régions et de prendre, le cas échéant, position.

2. Les échanges d'expériences dans le domaine du transport

Les thèmes retenus comme pouvant faire l'objet d'échanges d'expériences entre les régions partenaires sont les suivants :

- l'organisation régionale des chemins de fer : suite aux nouveautés introduites par le droit européen qui tendent à briser le monopole traditionnel de l'État et des sociétés nationales dans le domaine des chemins de fer, il s'agit d'analyser et de comparer la nature et le contexte juridique des actions.
- les transports de marchandises et les plates-formes logistiques : comment les problèmes liés au fret sont-ils perçus, comment sont-ils hiérarchisés (pollution, congestion,

développement économique, financement de ces infrastructures) ? Quelles solutions sont apportées et quelles sont les implications des régions ?
- les liaisons ferroviaires à grande vitesse et les liaisons aériennes : vers quels schémas de concurrence et de complémentarité va-t-on ? Quel sera le devenir des plates-formes aéroportuaires desservies par TGV ? Quelles réponses concrètes les régions peuvent-elles apporter à ces questions ?
- la coordination entre réseaux urbains et régionaux.

II. Le groupe de travail "Environnement"

La coopération des Quatre Moteurs et de l'Ontario en matière d'environnement s'organise autour d'une Charte des régions sur l'environnement signée à Lyon le 21 novembre 1990. L'article 3 prévoit la réunion, une fois par an, et alternativement dans chaque région, d'une commission interrégionale permanente de suivi de cette charte, réunissant au plus haut niveau, les responsables politiques "environnement" de chacune des régions signataires.

Les travaux de cette commission sont préparés par un groupe d'experts réunissant un représentant technique de chaque région.

Cette commission s'est réunie pour la dernière fois à Barcelone en février 1992. Le groupe d'experts s'est réuni à Charbonnières le 7 juillet 1994 afin de faire le point sur :
- l'avancement des six sous-groupes de travail "environnement"
- la collaboration avec d'autres régions (Pays de Galles, Lodz...)
- les relations des Quatre Moteurs avec l'Union européenne.

1. Le sous-groupe "Protection de la nature"

Ce sous-groupe est placé sous la responsabilité du Secrétariat Interrégional pour la protection de la nature (ISN) de l'Institut national pour la protection de l'environnement (LFU) du Bade-Wurtemberg. Il vise à atteindre plusieurs objectifs :
- l'étude de la population locale et la protection de la nature
- l'étude de la protection de la nature et du tourisme
- le recensement des structures juridiques et administratives spécifiques aux régions
- la réalisation d'une cartographie des zones protégées d'importance européenne.

Le groupe d'étude a organisé plusieurs séminaires :
- Congrès sur la protection de la nature et tourisme dans les zones protégées, en 1991, au Bade-Wurtemberg.
- Conférence sur la population locale et la protection de la nature, en 1991, en Catalogne.
- Atelier sur le tourisme vert, en 1992, au Pays de Galles, en vue du financement d'un projet "Protection de la nature et du tourisme dans les zones protégées". Ce projet a reçu l'accord de la Direction Générale de l'Environnement (DG XI) de la Commission européenne. Avec ce concours financier, des ateliers ont été organisés sur ce thème en 1993 : en Lombardie, en avril, en Catalogne en juin et en Slovénie.
- Conférence générale sur le thème "Cent ans de gestion des parcs provinciaux", en Ontario en septembre 1993

- Séminaire sur la question “la protection de la nature a-t-elle besoin d’une nouvelle stratégie ?”, en octobre 1994, au Bade-Wurtemberg
- Séminaire sur l’agriculture et l’environnement, en juin 1995, au Pays de Galles
- Séminaire sur l’agriculture et l’environnement, en septembre 1995, en Rhône-Alpes
- Séminaire sur l’agriculture durable, en septembre 1996, au Bade-Wurtemberg
- Séminaire sur l’agriculture durable en septembre 1997, en Lombardie.

Le Land du Bade-Wurtemberg, au nom des Quatre Moteurs, a reçu un soutien financier de la part de l’Union européenne pour lancer une action d’échanges d’expériences en matière de “tourisme doux”. Le document de synthèse a été édité en cinq langues.

Le sous-groupe de travail organise, depuis 1997, des échanges d’experts entre les régions partenaires sur des thèmes en rapport avec l’environnement et le développement durable. Ainsi, la région Rhône-Alpes a accueilli en juillet 1997 plusieurs experts en provenance du Bade-Wurtemberg et de Saxe. Des experts rhônalpins se sont rendus au Pays de Galles en août 1997, pour une visite des Parcs nationaux de Snowdonia, de Brecon Beacons et de Pembrokeshire Coast

Ce sous-groupe s’est réuni du 22 au 25 septembre 1998 sur le site du Parc naturel d’Aiguamolls en Catalogne, sur le thème “espaces naturels protégés et tourisme”.

2. Le sous-groupe “Éducation en environnement”

Présidé par la Catalogne, ce sous-groupe s’est réuni en 1997 à Barcelone, à l’occasion du congrès international organisé par la Catalogne sur l’éducation en matière d’environnement. Il s’est ensuite réuni les 15 et 16 mai 1998 à Milan, à l’occasion de l’exposition consacrée à l’éducation environnementale organisée par la région Lombardie.

Le sous-groupe prépare l’édition d’un répertoire commun des formations en matière d’environnement.

Il conduit également une mission d’étude des Quatre Moteurs par délégation de représentants des quatre régions sur le thème “Centres d’éducation et d’initiation à l’environnement”. Une première mission a eu lieu en Lombardie, du 2 au 11 mai 1995, et une deuxième en Catalogne, du 12 au 16 mai 1995.

Enfin, il est envisagé d’étendre aux Quatre Moteurs l’opération “La rivière m’a dit”, observatoire des rivières tenu par des enfants des classes primaires et secondaires de Rhône-Alpes, initiée par la FRAPNA (Fédération Rhône-Alpes pour la Protection de la Nature et de l’Environnement).

3. Le sous-groupe “Eau”

Présidé par l’Ontario, ce sous-groupe ne s’est jamais réuni. Le Ministère de l’Environnement a confié à l’Université de Waterloo une étude comparative des politiques de gestion de l’eau dans les cinq régions partenaires. Cette étude aborde plus particulièrement trois grandes questions :

- la gestion globale des eaux superficielles et souterraines dans les cinq régions
- les rejets de provenance industrielle
- la gestion des eaux polluées.

L'Ontario ne souhaitant plus piloter ce sous-groupe de travail, la région Rhône-Alpes a proposé en 1998 de reprendre le pilotage, compte tenu de l'intérêt du sujet pour Rhône-Alpes, concernant plus particulièrement la politique des contrats de rivière et de lacs. Elle propose deux projets concrets :
- la réalisation d'une brochure sur la coopération décentralisée dans le domaine de l'eau, initiée par les Quatre Moteurs ;
- l'édition d'une plaquette d'information sur les actions innovantes réalisées dans les Quatre Moteurs en matière de gestion de l'eau : réduction à la source des pollutions, gestion des eaux pluviales, traitement et recyclage des eaux usées.

Rhône-Alpes propose également un échange d'informations sur les expériences acquises en matière de "Politique contractuelle relative aux cours d'eau et aux lacs" et concernant les "Programmes d'assainissement des cours d'eau et des lacs".

Le Land du Bade-Wurtemberg propose d'étudier quatre questions concernant l'eau :
- la privatisation des fonctions d'alimentation et d'évacuation de l'eau
- le modèle de financement pour les mesures de protection contre les crues et l'élimination des sites contaminés
- les formes de coopération avec l'économie et l'agriculture
- la simplification du droit relatif à la sécurité publique et les possibilités de dérégulation.

4. Le sous-groupe "Déchets industriels"

Présidé par la Lombardie, ce sous-groupe s'est réuni deux fois. Un état des lieux des réglementations, organismes et systèmes de gestion des déchets industriels est en cours depuis 1992.

La seule action réalisée sous le label du sous-groupe "déchets industriels" est l'étude d'un schéma prototype régional de gestion des déchets industriels. Cette étude, conduite par le Bade-Wurtemberg en relation avec les Quatre Moteurs, a été soutenue financièrement par l'Union européenne (DG XI) et a fait l'objet d'une présentation conjointe Bade-Wurtemberg - Rhône-Alpes, lors d'un séminaire européen sur les plans territoriaux de gestion des déchets organisé par la DG XI, les 10 et 11 janvier 1994 à Bruxelles.

Les actes de ce séminaire européen ont été édités et adressés aux Quatre Moteurs le 24 janvier 1995. Aucune action n'ayant eu lieu depuis cette date, le sous-groupe de travail a été dissous par décision des présidents des Quatre Moteurs lors de leur réunion annuelle de juillet 1997.

5. Le sous-groupe "État de l'environnement"

Présidé par la Région Rhône-Alpes, ce sous-groupe s'est réuni à quatre reprises depuis 1991. Son objectif principal est l'édition d'un rapport sur l'observation de la qualité de l'environnement dans les Quatre Moteurs.

Ce document a été édité en mars 1995 en trois langues, allemand, catalan et français. Il a été présenté officiellement le 17 mars 1995 lors de la réunion des présidents des Quatre Moteurs, et a été adressé aux principales collectivités publiques, chambres consulaires, associations, centres de documentation des quatre régions. En juillet 1997, il a été décidé de dissoudre ce sous-groupe de travail qui n'avait plus lieu d'être compte tenu de l'existence de l'Agence européenne de l'environnement[51].

6. Le sous-groupe "Environnement" des Parlements des Quatre Moteurs

Ce sous-groupe s'est réuni à quatre reprises : à Barcelone en 1994, à Stuttgart en 1995, à Charbonnières en 1996, à Milan en janvier 1997 et à Barcelone en octobre 1997.

Le sous-groupe de travail s'est consacré à un vaste échange d'expériences sur les compétences des régions, sur les modalités d'intervention et sur la visualisation des actions engagées en matière de protection de la nature et de réduction des pollutions, nuisances, consommations d'énergie. Il a organisé des visites de sites particulièrement intéressants : le delta de l'Ebre en Catalogne, le Centre de développement de l'énergie solaire à Stuttgart, le bassin versant des rivières Rhin et Trambouze en Rhône-Alpes et le Parc naturel du Tessin en Lombardie.

7. Collaboration avec d'autres régions

Deux régions sont associées aux travaux des Quatre Moteurs sur l'environnement : le Pays de Galles et la voïvodie de Lodz en Pologne.

Le Pays de Galles est partie prenante dans le sous-groupe de travail "protection de la nature" et est actif sur le thème "agriculture et environnement". La voïvodie de Lodz a organisé chaque année, de 1991 à 1994, une conférence internationale sur l'environnement, à laquelle ont régulièrement participé le Land du Bade-Wurtemberg et la région Rhône-Alpes.

III. Le groupe de travail "Échanges informatiques"

Les présidents des régions partenaires ont décidé lors de la réunion en octobre 1991 d'installer un réseau d'échanges entre les systèmes de communication des administrations régionales. L'objectif est de faciliter l'échange d'informations entre les régions partenaires au niveau de l'administration. Ce groupe de travail est piloté par le Bade-Wurtemberg. Un représentant de la province de l'Ontario a été invité à ce groupe de travail dès son démarrage. Le groupe d'experts a retenu l'idée que l'installation du réseau d'échanges informatiques se ferait à partir de 1993, en liaison avec la compagnie IBM.

A l'occasion du dixième anniversaire des Quatre Moteurs, les présidents ont décidé la création d'un site internet qui aura pour objectif de promouvoir l'image de l'ensemble et de chacune des régions partenaires. Un prototype a été présenté lors de la rencontre des présidents

---

51. *Note sur l'état des lieux de la coopération Quatre Moteurs "Environnement" au 1er mars 1998,* Région Rhône-Alpes, Direction générale des Services, Charbonnières, 1998, 8 p.

à Barcelone, le 20 octobre 1998. Un annuaire des adresses électroniques des principaux responsables des Quatre Moteurs a été mis au point à cet effet[52].

Dans la pratique, il est prévu de mettre sur Internet des informations sélectionnées par l'intermédiaire des centres régionaux (Stuttgart, Barcelone, Lyon et Milan). Chaque région a la possibilité de déposer des informations d'intérêt régional, comme par exemple les horaires des transports publics régionaux, les horaires des transports aériens, des informations sur les établissements d'enseignement, les hôpitaux, le marché foncier ou les services municipaux.

IV. Le groupe de travail "TéléRégion"

"TéléRégion" est un projet pilote de la Commission de l'Union européenne qui associe les partenaires des Quatre Moteurs, la Haute-Autriche et la région Nord Angleterre. Il a pour objectif de favoriser l'intégration de la télématique dans le développement régional.

Ce projet concerne six secteurs : l'administration, les transports, la recherche, l'éducation et la formation, le développement des zones rurales et urbaines, et la santé.

La première étape du projet a permis de définir une plate-forme commune, d'analyser les besoins d'utilisation et de mettre au point une station de démonstration commune pour certaines applications. La deuxième étape doit prendre en compte les besoins spécifiques aux régions.

La région Rhône-Alpes participe avec les régions des Quatre Moteurs au projet "Télérégion SUN 2", qui fait suite à l'appel d'offres de l'Union européenne pour le développement d'un programme de télématique appliquée (Integrated Applications for Digital Sites of the Telematic Applications program), pour une durée de deux ans (1er mars 1998 – 28 février 2000). Le Bade-Wurtemberg en assure la coordination. Les services en ligne concerneront huit grands secteurs : les services publics et les administrations, l'emploi et la formation, l'enseignement supérieur, l'agriculture, la vie pratique et les échanges de jeunes, les entreprises, l'éducation, les transports.

53. Quatre Moteurs, *Annuaire des Adresses Électroniques*, octobre 1998, 54 p.

Troisième partie

Les Moteurs sous les projecteurs

Quatre Moteurs pour l'Europe

Après avoir présenté dans les deux premières parties, les principales actions entreprises depuis dix ans par les Quatre Moteurs, nous souhaitons à présent retracer comment les régions partenaires, au fur et à mesure de leur coopération, sont parvenues à faire émerger une sorte de philosophie commune, fondée sur leur volonté de participer activement à la construction européenne.

Cette approche se déroulera en deux temps : d'une part à travers les "déclarations" et "résolutions" communes (chapitre I) et d'autre part en reprenant les principales "interventions thématiques" (chapitre II).

Il était par ailleurs indispensable de fournir un certain nombre de données comparatives, permettant de souligner les aspects communs mais aussi les différences entre les Quatre Moteurs (chapitre III).

I. La démarche européenne des Quatre Moteurs Déclarations et résolutions communes

C'est au cours des Conférences des présidents des régions partenaires que les Quatre Moteurs émettent progressivement une sorte de doctrine commune de la coopération interrégionale.

Nous avons privilégié, dans les comptes-rendus des Conférences annuelles des présidents, les Déclarations officielles et les textes d'orientation générale des Quatre Moteurs.

Ainsi, la Conférence des présidents tenue à *Barcelone le 8 novembre 1989* nous donne-t-elle une indication précieuse sur les principaux objectifs de la coopération. Dans leur déclaration finale, les quatre régions considèrent qu'elles constituent quatre territoires européens qui, bien qu'appartenant à des États différents et ayant des caractéristiques différentes, ont de nombreux aspects en commun, qui sont résumés par leur dynamisme et leur activité économique qui leur assure une position de premier plan au sein de leurs pays respectifs. La déclaration ajoute que les Quatre Moteurs ont "foi dans le fait régional européen" et ont la conviction qu'ils peuvent jouer un rôle important dans la construction du Marché unique de 1993.

La Conférence des présidents tenue à *Milan le 10 octobre 1991* nous éclaire de façon encore plus précise sur les buts des cette coopération qui sont au nombre de trois :

- augmenter ultérieurement le potentiel économique, social et culturel des quatre régions ;
- réduire ou combler quelques points faibles ;
- contribuer au processus d'unification du continent européen en évitant de dangereux déséquilibres entre le Nord et le Sud, l'Est et l'Ouest.

Les présidents considèrent que les Quatre Moteurs représentent une expérience de réelle collaboration entre les régions ayant pour but de favoriser :

- la croissance des systèmes à base territoriale ;
- l'efficience des réseaux de transport et de communication, et des systèmes d'information et de formation ;
- l'organisation d'un réseau de rapports informels entre les entreprises locales ayant pour objectif d'accroître la capacité d'innovation ;
- la collaboration entre les institutions publiques et les entreprises privées dans la gestion de projets innovateurs concernant le territoire ;
- la promotion d'échanges culturels susceptibles d'alimenter le développement de la connaissance réciproque.

Mais les Quatre Moteurs doivent également veiller à ne pas être pénalisés par les politiques menées par les gouvernements centraux, les organismes communautaires et les grandes banques internationales.

Les présidents soulignent le sens principal de l'accord signé entre les quatre régions, qui est de démontrer la possibilité et l'efficacité de la coopération interrégionale en faveur d'une intégration de plus en plus grande de l'Europe. Ces quatre grandes régions, très semblables par leurs caractéristiques économiques et leurs problèmes, peuvent ainsi anticiper les effets que l'Union européenne aura sur leurs administrations et sur leurs intérêts. Ils précisent qu'une telle collaboration ne signifie pas le rapprochement des régions fortes au détriment de celles moins développées mais pensent qu'au contraire cette coopération interrégionale peut soutenir des objectifs communs, comme par exemple celui d'une Europe fondée sur des régions.

Enfin, les présidents renouvellent leurs engagements à collaborer dans le but de mettre en valeur les débouchés qui s'offrent à chaque région et de faire face aux problèmes communs, en tirant avantage des économies d'échelle et des synergies dans le domaine du développement économique, social et technologique comme dans le domaine de la planification, dans le cadre du territoire, des transports et de l'environnement.

A l'issue de leur *rencontre du 17 février 1993 à Stuttgart*, les présidents des Quatre Moteurs ont fait une déclaration commune concernant "la coopération entre les régions, la Communauté européenne et le Conseil de l'Europe."

Ils ont décidé de coopérer étroitement au sein du Comité des régions prévu par le traité de Maastricht. En effet, selon les présidents, "les régions économiquement fortes comme les Quatre Moteurs se doivent de démontrer les possibilités et les chances d'une "Europe des régions", et la déclaration ajoute : "Considérant le principe de subsidiarité, les régions sont les partenaires naturels de la Communauté." Celle-ci devrait répondre aux grands défis qui sont liés à l'affirmation de l'Europe dans le monde et qui dépassent aujourd'hui les compétences des États nationaux, tels que les thèmes de la politique extérieure et la sécurité, de la lutte contre la criminalité internationale, de la maîtrise du problème des réfugiés, mais aussi de la politique monétaire, de la protection de l'environnement et de la recherche. "Par contre, poursuit la déclaration, il devrait être de la compétence des régions d'organiser les rapports directs entre les citoyens et l'économie locale".

Selon les présidents, Länder et régions pourraient faire part de leurs expériences au Comité des régions et soumettre leurs souhaits concernant les processus de décision à l'échelle européenne. Ils souhaitent notamment que la Commission européenne encourage plus particulièrement les investissements dans les secteurs des transports et de la protection de l'environnement.

Concernant le Conseil de l'Europe, les présidents considèrent que ce dernier agit positivement pour le développement des régions et décident de donner dorénavant plus de poids à leur collaboration avec le Conseil de l'Europe. Ils estiment qu'il faut créer à présent une Chambre des régions. et notent que de nombreux points communs existent entre les compétences des régions et celles du Conseil de l'Europe, citant plus particulièrement les domaines de l'application des droits de l'homme, de la culture, de la formation, et de la protection de l'environnement. Ils rappellent que le Conseil de l'Europe pourrait servir de forum pour coopérer avec les régions de l'Europe de l'Est et notent que "le concept de région pourrait faire office de contrepoids face aux dangers du retour d'un nationalisme exacerbé et ravageur."

Enfin, les présidents annoncent qu'ils se sont mis d'accord pour élaborer les points forts d'une future constitution européenne, de pair avec les autres régions de l'Assemblée des régions d'Europe (ARE), et rappellent qu'une motion dans ce sens du Bade-Wurtemberg a reçu un large soutien lors de l'assemblée générale de l'ARE le 22 janvier 1993. Il s'agirait, selon les présidents, d'élaborer "les options de base d'un futur ordre européen qui respecte les principes de la démocratie, le droit et la solidarité sociale et qui mette en place un ordre décentralisé, en contact avec les citoyens à l'échelon de la Communauté, des États membres et des régions."

Les présidents des Quatre Moteurs ont adopté une résolution à l'occasion de leur rencontre annuelle tenue le *8 juillet 1994 à Barcelone*. Ils ont manifesté leur soutien au processus de constitution de l'Union européenne, qui, avec le traité de Maastricht, et de plus avec l'inclusion de nouveaux États membres[52] "se voit prendre un nouvel essor". Ils expriment leur satisfaction devant le rôle joué par les régions dans ce processus, à travers l'Assemblée des régions d'Europe et plus récemment, avec la constitution du Comité des régions et du Congrès des pouvoirs locaux et régionaux d'Europe au Conseil de l'Europe. Ils rappellent qu'ils ont adopté le logotype devant identifier les Quatre Moteurs et ont chargé le Comité de coordination de la transmettre aux groupes de travail, afin que ceux-ci puissent l'utiliser dans leurs activités et leurs publications.

Par ailleurs les présidents approuvent l'organisation annuelle d'une conférence des Quatre Moteurs sur des sujets d'intérêt européen et régional et décident que la première conférence aura lieu en Rhône-Alpes en 1995 sur le sujet des migrations en Europe.

Lors de la Conférence annuelle qui s'est tenue à *Stuttgart le 24 juillet 1997*, les présidents des Quatre Moteurs ont signé une déclaration commune portant sur les résultats de leur coopération et sur les missions prioritaires futures.

En introduction, les présidents constatent que les attentes liées à la coopération multilatérale décidée en septembre 1988 ont pu se réaliser dans un certain nombre de domaines :

- la création d'un grand nombre de réseaux transfrontaliers et interrégionaux dans toute l'Europe à l'exemple des Quatre Moteurs
- l'amélioration de la coopération interrégionale en Europe, entre autre dans le cadre de l'Assemblée des régions d'Europe (ARE)
- le renforcement des droits de participation des régions sur le plan européen, entre autre par le Comité des régions et par le Congrès des pouvoirs locaux et régionaux de l'Europe (CPLRE) du Conseil de l'Europe

52. Autriche, Finlande et Suède.

- la réalisation d'une synergie dans de nombreux secteurs pour les régions impliquées
- la clarification de l'identité régionale, la découverte et la compréhension réciproque ainsi que la reconnaissance d'une appartenance à une Europe de l'unité dans la diversité.

Les présidents constatent par ailleurs que la coopération multilatérale a fait ses preuves en tant que système ouvert également à d'autres régions, le Pays de Galles et l'Ontario, très actives dans de nombreux domaines.

Concernant la coopération avec l'Union européenne, les présidents estiment que la coopération avec le Parlement européen et la Commission européenne est un élément-clé pour le succès de leur initiative. Ils estiment que leurs bureaux de Bruxelles sont dans une position d'intermédiaire particulière et demandent à tous les organismes impliqués dans les projets de leur région d'avoir recours systématiquement aux possibilités d'aides de la part de l'Union européenne.

Évoquant des perspectives d'avenir, les présidents se prononcent pour une coopération à caractère ouvert et invitent les régions intéressées à participer à leurs activités si cela se révèle réalisable et adéquat, et se déclarent ouverts à une participation de régions de l'Europe centrale et orientale, en vue de l'élargissement futur de l'Union européenne.

Les présidents placent au premier plan de leur coopération le travail concret sur projet et non l'élaboration de programmes généraux, position adoptée dans la résolution signée le 25 juillet 1996 à Milan. Ils invitent donc les coordinateurs à donner la priorité aux projets qui ont pour objectif l'échange d'informations et la confrontation des différentes expériences législatives, administratives et techniques et qui garantissent la diffusion la plus large de ces résultats. Les présidents accordent une importance particulière au secteur des entreprises, des associations professionnelles, des chambres de commerce, de la recherche et de la culture, ainsi qu'à la coopération pour l'enseignement supérieur et pour les échanges inter-universitaires entre les étudiants.

Pour l'avenir, les présidents demandent aux coordinateurs de discuter de deux thèmes qu'ils considèrent essentiels : la migration et le retour des réfugiés d'une part, la réalisation d'un projet commun en Bosnie-Herzégovine d'autre part.

Lors de la *rencontre de Stuttgart du 24 juillet 1997*, les présidents ont adopté une résolution sur "Les régions partenaires de l'Union européenne".

La résolution commence ainsi :
"A l'aube du nouveau millénaire, l'Union européenne doit faire face à des défis politiques et économiques décisifs. Les présidents des Régions Bade-Wurtemberg, Catalogne, Lombardie et Rhône-Alpes, regroupées sous la devise "Quatre moteurs pour l'Europe" proclament leur soutien actif en faveur de nouvelles avancées dans le processus d'unification européenne et de réformes à venir permettant de renforcer la capacité d'action de l'Union européenne à l'intérieur comme à l'extérieur".

Après avoir rappelé les grandes questions auxquelles l'Union européenne doit apporter des réponses, notamment la sécurité, la stabilité et la paix en Europe, la lutte contre le chômage, la déclaration rappelle que dans tous ces domaines, les problèmes se font sentir au niveau régional et les Quatre Moteurs entendent contribuer à leur solution. Il est donc indispensable que les régions se voient accorder "la marge de manoeuvre nécessaire pour atteindre conjointement et en partenariat les objectifs de l'Union européenne".

A la suite de la conférence intergouvernementale d'Amsterdam, les Quatre Moteurs considèrent que l'extension, prévue par le traité d'Amsterdam, des possibilités d'intervention du Parlement européen représente une avancée importante vers un ancrage démocratique plus solide de l'Union européenne, et se prononcent pour un droit de vote unifié pour le Parlement européen, avec la création de circonscriptions à l'échelle régionale.

Concernant le domaine de l'emploi, la déclaration des Quatre Moteurs considère que les programmes d'emploi européens ne doivent pas avoir pour effet d'absorber les moyens financiers nécessaires à d'autres mesures importantes de l'Union européenne dans d'autres secteurs, et que la politique de l'emploi doit être avant tout déterminée aux niveaux national, régional et communal. Dans ce contexte, les régions doivent apporter leur contribution à cet effort.

Enfin, à propos de l'Union économique et monétaire, les Quatre Moteurs approuvent le "pacte de croissance et de stabilité" conclu au niveau européen comme garant d'une communauté de stabilité s'inscrivant dans la durée.

Les présidents des Quatre Moteurs, du Piémont et de la Vénétie ont signé une déclaration commune *le 24 juin 1998 à Milan*, à l'occasion de leur rencontre sur " Rôle des régions dans l'Europe de l'an 2000" La déclaration aborde trois thèmes principaux : les régions dans le processus décisionnel communautaire ; le besoin d'une politique de concertation ; l'affirmation d'une politique de cohésion, de développement et de responsabilité.

S'agissant du rôle des régions dans le processus de décision communautaire, les présidents font le constat, des transformations indispensables qui doivent accompagner le traité de Maastricht. Ils considèrent que l'Union européenne se présente comme un grand marché unifié, mais dont l'unification politique et institutionnelle est insuffisante pour en faire un acteur "vivant et viable sur la scène internationale". Il s'impose donc de renforcer les institutions de l'Union et de transformer en même temps la forme de l'État au sein des pays membres dans la direction de la pleine application du principe de subsidiarité, principe qui constitue l'un des fondements essentiels voire le principe fondamental de l'Union européenne.

Selon la déclaration commune, "ce principe ne pourra se concrétiser qu'à travers la valorisation de l'autonomie et le renforcement de l'autogestion des régions et des grandes agglomérations métropolitaines de l'Europe. Or pour l'instant, ce processus est par trop timide. Nous avons assisté ces dernières années à un double phénomène dans le cadre de la répartition du pouvoir décisionnel en Europe. D'une part, les États membres attribuaient à l'Union un nombre sans cesse croissant de compétences. De l'autre, ils mettaient au point un nouvel équilibre et renforçaient la décentralisation et la régionalisation. Néanmoins, l'étape décisive pour atteindre une véritable autonomie n'a pas encore été franchie par les différents États membres".

La déclaration est très explicite quant au rôle des régions, encore trop limité au sein des États membres : "L'application du principe de subsidiarité pour un développement ultérieur de l'Union européenne est toutefois resté étranger aux réformes opérées dans les États membres. La décentralisation régionale et locale a été conçue comme une réponse aux problèmes internes en matière d'efficacité économique et d'exigence de réorganisation fonctionnelle". La déclaration ajoute : "L'Union européenne a effectivement reconnu à l'intérieur de son système la subjectivité des régions. Elle dialogue avec les gouvernements régionaux directement, elle s'adresse de plus en plus aux régions comme à des institutions de référence pour l'élaboration et la réalisation des politiques communautaires. Mais du côté des États membres, la non reconnaissance de la dimension régionale comme élément constitutif du système actuel dans son ensemble continue à se refléter également à travers les incertitudes qui caractérisent le rôle des régions sur le plan des rapports internationaux et dans la structure de l'Union. C'est donc le problème des formes de représentation des institutions subnationales au sein du processus décisionnel communautaire qui se pose dans toute son urgence".

A partir de ce constat, les présidents insistent, dans leur déclaration, sur quatre objectifs prioritaires :

- la prévision de mécanismes concrets pour la participation des régions, dans le cadre constitutionnel de chaque État, aux phases de préparation de mesures communautaires ;
- la participation des régions, dans les matières de leur compétence et dans le respect des différentes législations, à la formation des actes communautaires, à leur réalisation et à leur exécution ;
- dans les matières de leur compétence et avec l'accord des gouvernements centraux, la reconnaissance de la faculté de transférer certains pouvoirs leur appartenant à des organisations transfrontalières.

Concernant le besoin d'une politique de concertation, la déclaration du 24 juin 1998, souligne que la réforme des fonds structurels de 1988 et la décision de confier à la Communauté la responsabilité d'une véritable stratégie de rééquilibre entre les régions ont introduit formellement le principe du partenariat entre l'Union européenne et les régions. Elle précise : "La gestion en coopération des fonds structurels a représenté, malgré ses limites, une occasion d'expérimenter un rapport plus direct entre régions et institutions communautaires". Les négociations en cours pour la rédaction du document "Agenda 2000" doivent donc prendre en compte le principe du partenariat, ce qui signifie un rôle plus déterminant des régions dans la réalisation des programmes communautaires. Il convient, parallèlement d'alléger radicalement les procédures de programmation. Par ailleurs, le développement régional, qui figure parmi les objectifs des politiques communautaires, doit être encouragé à travers des "contrats de soutien européen, qui verraient converger la Commission, les États membres et les régions bénéficiant des financements par le biais d'accords de programme. Cet instrument serait l'expression d'un partenariat véritablement paritaire qui permettrait d'utiliser, sur un plan intégré, des moyens régionaux, nationaux et communautaires et de distribuer les responsabilités d'une manière plus appropriée". Les régions partenaires doivent donc proposer que chacune d'elles présente à l'Union européenne, avec l'accord de l'État membre intéressé, un programme intégré de développement destiné aux territoires concernés, traitant les zones urbaines qui traversent une crise industrielle ou sociale aussi bien que les espaces ruraux en déclin. L'initiative de l'élaboration du document unique de programmation régional devra incomber aux régions dans la mesure où elles sont les interlocuteurs les plus qualifiés pour connaître les attentes des différents territoires et pour mobiliser les opérateurs économiques et sociaux.

Enfin, s'agissant de l'affirmation d'une politique de cohésion, de développement et de responsabilité, la déclaration insiste sur la nécessité de s'attaquer sérieusement à la question des disparités régionales en Europe : "Au cours des dix dernières années, les disparités entre les régions se sont accrues à l'intérieur de la plupart des États membres. L'augmentation du chômage, l'exclusion sociale, leurs répercussions sur la cohésion des grandes agglomérations ont déterminé de nouveaux critères de priorité en matière de cadres d'intervention des fonds structurels". Selon les présidents signataires de la déclaration, la réforme des fonds structurels devra s'inspirer des principes d'un développement durable et s'encadrer dans une politique globale de renforcement du développement et de la cohésion territoriale. Ils considèrent que "les régions constituent les institutions publiques les plus qualifiées pour établir un lien entre les préoccupations immédiates des citoyens et les options nécessaires d'adaptation face à un monde en plein changement", ajoutant : "Les régions de Bade-Wurtemberg, Catalogne, Rhône-Alpes, Lombardie, Piémont et Vénétie se situent au premier rang du classement européen en matière de revenu et de formation. C'est pourquoi elles se sentent habilitées à indiquer le modèle le plus approprié à faire face aux difficultés socio-économiques qui caractérisent ce moment de l'histoire de l'Union européenne". Ils considèrent donc que les politiques d'intervention de l'Union européenne doivent se concentrer sur trois domaines déterminants :

- la recherche scientifique et technologique, le transfert de l'innovation
- l'internationalisation des entreprises
- le développement des infrastructures en vue d'une plus grande compétitivité.

Ces démarches sont souhaitables, précise la déclaration, dans toutes les régions européennes qui présentent un terrain propice en matière de projets, de politiques structurelles et de conditions générales pour la réussite de l'intervention. : "L'option la plus rentable et la plus efficace consiste à accorder une priorité absolue aux interventions de soutien des régions qui s'avèrent être les véritables moteurs du développement et de la croissance économique européens.

En conclusion de leur déclaration commune, les présidents signataires demandent donc à l'Union européenne :

- la valorisation et le soutien de toutes les situations d'excellence ;
- la possibilité de dialoguer directement avec l'Union européenne afin de formuler un plan de développement original susceptible de se présenter comme l'Agenda 2000 de la cohésion et du développement ;
- la révision des politiques budgétaires et une augmentation sensible du financement destiné au développement des secteurs clés.

Les présidents des Quatre Moteurs ont signé une déclaration, le *20 octobre 1998 à Barcelone*, à l'occasion de la célébration du dixième anniversaire de la coopération multilatérale. Elle se situe dans la ligne de la déclaration conjointe sur "Le rôle des régions dans l'Europe de l'an 2000" signée à Milan le 24 juin 1998, qui rappelait la nécessité de prêter une attention particulière à la promotion de l'autonomie des régions dans le contexte d'une Europe unifiée.

Dans cette déclaration, les présidents se réjouissent du maintien du programme INTERREG, en conformité avec le document "Agenda 2000", présenté par la Commission européenne. Ils souhaitent que la Commission puisse financer de façon prioritaire la coopération interrégionale au-delà des frontières, "coopération dont les Quatre Moteurs constituent un des exemples les plus heureux".

La déclaration consacre un passage à la célébration du dixième anniversaire de la coopération : "Les présidents des Quatre Moteurs pour l'Europe se félicitent de la célébration du dixième anniversaire de la fondation de cette association, constituée le 9 septembre 1988 à Stuttgart, et estiment très positifs les résultats du travail coopératif qu'elle a mené durant ces dix années. Les présidents saisissent cette occasion pour remercier Ontario et le Pays de Galles de leur collaboration dans de nombreux groupes de travail". Ils déclarent leur intention de poursuivre leur coopération dans le futur, et approuvent le programme de travail de l'année 1999 pour les différentes Commissions et les groupes de travail des Quatre Moteurs.

II. Les interventions thématiques des Quatre Moteurs

I. Les transports par chemin de fer

La Résolution adoptée à *Charbonnières le 17 mars 1995* lors de la Conférence des présidents commence par cette phrase introductive : “Le Land du Baden-Wurtemberg, la Generalitat de Catalunya, la Regione Lombardia et la Région Rhône-Alpes considèrent que les transports seront l’un des enjeux les plus importants des régions et de l’Europe de demain”.

Les présidents rappellent qu’ils ont déjà pris l’initiative, en novembre 1989, de publier un mémorandum définissant leurs objectifs communs d’aménagement des infrastructures et d’organisation des transports. Ils réaffirment leur ambition qui consiste à “définir et mettre en œuvre des réponses concrètes aux problèmes posés, conciliant la satisfaction durable des besoins de mobilité des personnes et des biens, l’aménagement du territoire et l’intégration européenne, la protection de l’environnement, et enfin les capacités publiques et privées de financement”. Ces réponses concrètes appellent une politique des transports globale et cohérente, et les présidents considèrent qu’il est nécessaire, après une période de forte régression, que le mode ferroviaire retrouve toute sa crédibilité et joue le rôle important que l’on est en droit d’attendre de lui au regard de ses avantages intrinsèques en matière de vitesse, de sécurité, d’environnement, de consommation d’espace et d’énergie.

Les Quatre Moteurs indiquent dans leur déclaration sur la politique communautaire des transports ferroviaires qu’ils adhèrent aux objectifs et aux principes des initiatives prises par l’Union Européenne au sujet des chemins de fer, en distinguant quatre thèmes principaux :

- en matière de gestion et d’exploitation, il convient de clarifier la notion de service public et les modalités de réalisation de ces services, d’assainir la situation des entreprises ferroviaires, par la normalisation de leurs comptes, l’assainissement financier et l’indépendance de gestion. Il faut en outre une séparation comptable obligatoire et une séparation organique facultative de l’infrastructure ferroviaire et de l’exploitation des services de transport ferroviaire. Enfin, il faut prévoir l’élargissement de l’accès aux infrastructures ferroviaires ;
- en matière de développement du réseau ferroviaire transeuropéen, les Quatre Moteurs soulignent l’importance de l’objectif de réalisation progressive, à l’horizon 2010, d’un réseau intégré méditerranéen de transport multimodal. Ils insistent également sur “l’interopérabilité” des réseaux : exploitation, infrastructures et franchissement des frontières (formalités administratives notamment) ;

- en matière de gestion et d'exploitation des chemins de fer, les présidents rappellent qu'ils souhaitent une clarification du système de gestion et d'exploitation des chemins de fer "nécessaire au rétablissement de leur caractère concurrentiel". Ils considèrent nécessaire le transfert aux régions de la responsabilité des services ferroviaires régionaux, permettant ainsi une répartition plus efficace des responsabilités entre États, régions et entreprises ferroviaires ;
- en matière de développement du réseau ferroviaire transeuropéen, la déclaration rappelle le principe de collaboration des régions au développement des infrastructures ferroviaire, ce développement restant de la responsabilité générale des États membres. Elle précise les quatre itinéraires qui permettraient d'améliorer "de façon radicale" les relations entre les Quatre Moteurs : Catalogne - Rhône-Alpes, Rhin - Rhône, Italie du Nord - Rhône-Alpes (Milan - Turin - Lyon), Bade-Wurtemberg - Lombardie (tunnel de base du Gothard et le Splugen). Enfin les Quatre Moteurs indiquent qu'il conviendrait également d'aménager des lignes donnant accès aux projets précédents ou de prévoir des lignes supplémentaires. Ils citent notamment les lignes Stuttgart - Zurich, Saint-Étienne - Lyon, Barcelone - Toulouse et Novarre - Malpensa.

II. Les télécommunications

A l'issue de la Rencontre des présidents tenue le *15 novembre 1990 à Lyon*, un mémorandum sur les télécommunication a été signé.

Les Quatre Moteurs rappellent qu'ils disposent d'une structure économique hautement développée et porteuse d'avenir, et que les limites de leur coopération dues à l'éloignement géographique entre les régions partenaires peuvent être diminuées en faisant appel aux possibilités offertes par la technologie moderne des télécommunications.

Les présidents des quatre régions partenaires sont conscients de l'importance de télécommunications transfrontalières performantes pour le développement économique et la productivité des régions et font un certain nombre d'observations concernant les réseaux et les services de télécommunications. Ils souhaitent, à l'avenir, pouvoir participer au projet TELEMED, dont l'objectif est de faire bénéficier les nouveaux services médicaux (télémédecine) sur les plans régional, national et international des techniques de communication modernes à large bande. Une coopération entre les universités de Heidelberg et de Barcelone existe déjà dans ce domaine, axée sur le projet de "consultation d'experts éloignés".

Pour le développement des projets de télécommunication, les présidents conviennent que les Quatre Moteurs ont un intérêt commun au développement en cours du réseau scientifique européen et du réseau haute performance pour la physique des hautes énergies avec raccordement aux instituts de recherche suprarégionaux DESY à Hambourg et CERN à Genève. Ils souhaitent par ailleurs qu'un groupe d'experts soit constitué pour analyser la faisabilité du raccordement des systèmes de communication des administrations régionales, et pour proposer un système de vidéoconférence entre les administrations régionales.

III. L'agriculture

Dans leur Déclaration d'action relative à la politique agricole, approuvée lors de la réunion du *24 juillet 1997 à Stuttgart*, les responsables politiques de l'agriculture des Quatre Moteurs ont décidé, sur la base de leur Déclaration commune du 23 avril 1993 et de leur résolution du 10 juin 1996, de présenter à l'Union Européenne de nouvelles propositions en vue de la simplification et du développement de la réforme de la Politique Agricole Commune (PAC). Ils déclarent soutenir activement la politique agricole et la politique de développement européenne. Ils demandent l'introduction d'une monnaie unique dans le respect des critères de convergence orientés sur la stabilité ainsi que la poursuite, par l'Union Européenne, d'une politique protectionniste appropriée.

Dans le désir d'application du principe de subsidiarité, les Quatre Moteurs demandent en outre une limitation de l'étendue des compétences de l'Union Européenne et l'octroi d'une plus large autonomie aux États membres et aux gouvernements régionaux, une "débureaucratisation" et l'organisation plus efficace des processus de gestion et de décision, le maintien absolu des aides à l'investissement et une limitation des contrôles directs de l'Union Européenne. Ils souhaitent enfin la consolidation de la mise en œuvre et du financement entre l'Union Européenne, les États membres et les régions, des mesures accompagnant la réforme de la Politique Agricole Commune en matière d'environnement.

Dans le droit fil de cette Déclaration, les responsables de l'agriculture des Quatre Moteurs ont approuvé, ce même jour à Stuttgart, la *Résolution pour la Réforme de la Politique Européenne Structurelle*. Ils considèrent que cette politique doit être définie de façon plus claire et plus efficace, et conçue en vue d'un développement durable. Il faut, indiquent-ils "renforcer la responsabilité individuelle des États membres et des régions en se basant sur le niveau d'intégration européen". Les aides structurelles concentrées en priorité jusqu'à présent sur les régions particulièrement défavorisées doivent être maintenues, et il convient de porter une attention particulière aux régions rurales étant donné l'importance que leur confère la diversité de leurs fonctions : "il faut préserver et développer durablement ces régions qui sont à la fois des lieux de production agricoles, des lieux de détente et d'équilibre naturel ayant de nombreuses fonctions de protection de la nature et de l'environnement".

Il faut, selon les responsables de l'agriculture, viser un objectif de structure concernant le développement des zones rurales et des structures agricoles, et le doter d'un instrument financier adéquat. En ce sens, il convient d'associer étroitement la politique agricole et la politique de l'environnement au développement des régions rurales dans le cadre d'une stratégie globale. Enfin, il faut simplifier considérablement les dispositions communautaires en matière d'application des programmes d'aide. Le fonds structurel de la Communauté consacré à l'objectif Zones rurales et structures agricoles doit être maintenu "au moins à son niveau actuel pour répondre à l'ampleur de cette tache".

En février 1998, le groupe de travail "Agriculture" a signé une Déclaration commune sur "Agenda 2000", présentée à la Commission des Communautés Européennes. Le document souligne que la réforme de la Politique Agricole Commune, mise en œuvre en 1992, "n'a pas encore dégagé les résultats qu'il était permis d'escompter" et ajoute : "dans le cas où toutes les propositions de l'Agenda 2000 seraient effectivement mises en œuvre, le secteur agricole des Quatre Moteurs risquerait de subir une perte de revenus de nature à remettre en question la viabilité économique de bon nombre d'exploitations". Les responsables de l'agriculture estiment "nécessaire que l'agriculture méditerranéenne reçoive le traitement et l'attention qui correspondent à son importance économique, sociale et culturelle", et indiquent qu'afin de tenir compte de la diversité des conditions dans lesquelles s'exerce l'agriculture, les règlements européens devront "prévoir la possibilité pour les régions de mettre en place des programmes spécifiques".

Concernant la réforme des Fonds structurels, le document rappelle que le prochain Objectif 2 rassemblera les actions mises en œuvre selon un zonage qui concerne les zones industrielles et de services en déclin, les zones rurales, les zones de pêche et les zones urbaines. Les responsables de l'agricultures des Quatre Moteurs estiment que la mise en place des actions concernant les zones agricoles, de pêche et rurales risque de devenir secondaire. Étant donné que les zones urbaines et industrielles vont générer un besoin de financement nettement plus important du point de vue quantitatif, le monde rural risque de se retrouver définitivement relégué au second plan. Dans ce contexte il convient "que les régions puissent prendre connaissance, à l'avance, de la proposition de la Commission quant à la définition des critères de base, et qu'elles aient la possibilité de participer à la rédaction des règlements définitifs les concernant."

IV. L'environnement

Les Quatre Moteurs ont signé le *21 novembre 1990 une Charte des régions sur l'environnement.* Cette charte a été élaborée conjointement avec la province d'Ontario, à la suite de l'initiative de la région Rhône-Alpes lors des premières Rencontres Internationales sur l'environnement de Charbonnières. Ils considèrent qu'une meilleure prise en compte de l'environnement dans tout projet de développement et d'aménagement, et qu'une information juste sur l'environnement sont un enjeu prioritaire dans l'intérêt des générations présentes et futures. La lutte contre la pollution de l'environnement est un enjeu international du fait des pollutions transfrontalières.

L'échelon régional doit contribuer à ces efforts. Il s'agit, selon les responsables des Quatre Moteurs, d'un bon niveau pour tenir compte de la spécificité des problèmes de terrain, pour mettre en œuvre des solutions, rassembler et mobiliser les acteurs et compétences. Les régions signataires de la charte estiment que les "régions très industrialisées et urbanisées, et disposant d'espaces naturels et sensibles", peuvent participer "d'une façon significative à l'amélioration de la qualité de l'environnement au plan international".

Les Quatre Moteurs et l'Ontario décident de se rapprocher :

- pour agir auprès des instances continentales et internationales sur les problèmes majeurs de l'environnement,
- pour échanger leurs préoccupations en matière d'environnement,
- pour harmoniser leur évaluation de la qualité de l'environnement en fonction d'objectifs de réduction de la pollution et d'amélioration de l'environnement,

- pour encourager dans chacun de leurs territoires la prise en compte des considérations environnementales dans les projets publics et privés dès le premier stade des études,
- pour définir ensemble des objectifs communs et des actions prioritaires et les appliquer à l'intérieur de leur territoire respectif,
- pour se concerter sur les problèmes internationaux et notamment sur les conventions et réglementations internationales les concernant, en liaison avec leur État respectif.

La Charte indique précisément les thèmes concernés par les actions des régions partenaires :
- l'information
- la formation et la jeunesse
- le maintien des écosystèmes et de la diversité biologique
- la connaissance de l'environnement et de son évolution
- la gestion des ressources naturelles, et particulièrement la protection et la sécurité de la ressource en eau
- la gestion des ressources énergétiques
- les déchets
- les risques naturels et technologiques
- les technologies industrielles.

Pour mettre en œuvre cette coopération, les régions signataires créent une commission interrégionale permanente qui réunit au plus haut niveau les responsables "environnement" de chacune d'entre elles. Cette commission se réunira au moins une fois par an, et fera le point, chaque année, de son action et de l'état de l'environnement dans chaque région au cours d'une réunion organisée alternativement par les différentes régions. Les travaux de la commission seront préparés et suivis par un groupe d'experts réunissant un représentant de chaque région.

Enfin, les signataires de la Charte "invitent leurs régions limitrophes et partenaires, ainsi que les régions qui le souhaiteraient, à s'associer à leurs démarches".

III. La présentation comparative des Quatre Moteurs

I. Les caractéristiques générales[53]

Le *Bade-Wurtemberg* est l'un des seize Länder qui constituent la République fédérale d'Allemagne. Avec 35 741 km^2, il s'agit du troisième Land en superficie. Sa population est de 10,4 millions d'habitants, et sa capitale régionale est Stuttgart. La densité de population est de 287 habitants au km^2. Les communes de plus de 20 000 habitants représentent 23 % du total des communes du Land, et 20 % de la population vivent en zone métropolitaine.

Faiblement doté en ressources naturelles, le Bade-Wurtemberg était une région très pauvre au XIXe siècle, avec une agriculture insuffisante pour nourrir la population qui a complété ses moyens de subsistance en travaillant le lin, la laine, les peaux, l'argile, le bois, le fer blanc et les métaux non ferreux. Les petits ateliers d'artisans ont donné naissance, au XXe siècle, aux industries du textile, du cuir, à la verrerie, la céramique, l'horlogerie, la fabrication d'instruments de musique, la joaillerie et l'industrie du meuble. Cette industrie est devenue, dans le deuxième moitié du siècle l'une des plus performantes d'Allemagne. Mais ce Land, considéré, avec la Bavière, comme l'un des plus dynamiques, souffre, depuis la réunification allemande, de la crise économique qui affecte fortement les Länder de l'est, et dans une mesure moindre, les Länder de la partie occidentale de l'Allemagne.

La *Catalogne* a une superficie de 31 895 km^2 et une population de 6,1 millions d'habitants. Elle est située au Nord-Est de l'Espagne, et Barcelone est sa capitale régionale. La densité de population est de 191 habitants au km^2. Les communes de plus de 20 000 habitants représentent 71 % du total des communes de la Catalogne et 67 % de la population vivent en zone métropolitaine.

Les principaux atouts de la Catalogne sont sa situation stratégique dans le bassin occidental de la Méditerranée, ses bonnes communications avec le reste de la péninsule ibérique et son intégration dans un axe de développement qui va de la Méditerranée à l'Europe du nord. Par ailleurs, la Catalogne possède une véritable culture industrielle, une importante diversification économique, un secteur tertiaire solide et développé, de bonnes infrastructures de communication et des équipements sociaux de bon niveau. Ses universités constituent également l'un des ressorts essentiels du développement économique et culturel catalan.

53. Les principales données comparatives sont extraites du document à la fois très complet et synthétique des Quatre Moteurs présenté à Charbonnières en février 1995 *Les Quatre Moteurs pour l'Europe : présentation économique et sociale*, 49 p.
Les statistiques ont été actualisées dans toute la mesure du possible.

La *Lombardie* a une superficie de 23 858 km^2 et une population de 8,9 millions d'habitants. Elle est située dans la plaine du Pô, au pied des Alpes. Sa capitale régionale est Milan. La densité de population est de 373 habitants au km^2. Les communes de plus de 20 000 habitants représentent 43 % du total des communes de Lombardie, et 31 % de la population vivent en zone métropolitaine.

La Lombardie occupe une place de premier plan dans les domaine économique, social et culturel de l'Italie. Elle produit 20 % du revenu national, alors que son territoire ne représente que le dixième du territoire italien. Son dynamisme est fondé sur l'activité de petites et moyennes entreprises très performantes.

La région *Rhône-Alpes* a une superficie de 43 698 km^2, ce qui la situe en deuxième position des vingt-deux régions métropolitaines et elle compte 5,6 millions d'habitants, ce qui la place également en deuxième position, derrière l'Ile-de-France (10 millions d'habitants). La densité de population est de 122 habitants au km^2. Les communes de plus de 20 000 habitants représentent 35 % du total des communes rhônalpines, et 24 % de la population vivent en zone métropolitaine.

La région a trois caractéristiques principales :

- une industrie puissante qui fait de Rhône-Alpes l'une des premières régions industrielles de France. Cette tradition industrielle est ancienne et a favorisé le développement d'un secteur tertiaire dynamique, qui accompagne la croissance des entreprises ;
- une armature urbaine dense, avec Lyon, deuxième agglomération française (1,2 million d'habitants), Grenoble (400 000 habitants) et Saint-Étienne (300 000 habitants), et quatre autre villes de plus de 100 000 habitants : Annecy, Chambéry, Valence, Bourg-en-Bresse. La région compte également un réseau de villes moyennes ou petites bien reliées entre elles par la route et le rail ;
- des espaces naturels de premier plan qui concourent à la qualité du cadre de vie et qui ont permis le développement d'une véritable industrie touristique, aussi bien d'hiver que d'été.

Mais la région est confrontée à trois types de difficultés :

- l'absence d'une identité forte rend les territoires fragiles et pas toujours concernés par le développement de la région toute entière
- des déséquilibres de développement au sein de la région, avec deux zones en forte croissance : le couloir rhodanien, de Lyon à Valence et le Sillon alpin, de Valence à l'agglomération genevoise en passant par Grenoble, Chambéry et Annecy ;
- des déséquilibres urbains qui s'expliquent par le fait que le développement de la croissance urbaine à partir des années soixante s'est accompagné de la concentration dans certains quartiers de population, souvent immigrée, dont l'insertion économique et sociale est difficile.

II. L'approche géographique et démographique

Le *Land du Bade-Wurtemberg*, situé au sud-ouest de l'Allemagne, a une frontière commune avec la France, la Suisse et les Länder de Rhénanie-Palatinat, de Hesse et de Bavière. La moitié de sa superficie est consacrée à l'agriculture, un tiers aux forêts et 12 % à l'habitat. 70 % de sa population et 76 % des emplois sont concentrés sur 17 zones à forte densité représentant 34 % de la superficie du Land.

A l'ouest se trouve la plaine du Bade, le long du Rhin, et à l'est des chaînes de moyenne montagne et des collines. L'urbanisation est très diverse : des villages compacts dans la plaine du Rhin, des agglomérations en étoile dans la vallée du Neckar et de ses affluents, un habitat dispersé en Forêt Noire et dans certaines régions de l'Allgau, au pied des Alpes.

Les voies de communication les plus anciennes et les plus importantes parcourent le fossé rhénan selon un axe nord-sud. Neuf des douze grands centres urbains sont reliés par des autoroutes et six d'entre eux sont rattachés au réseau Inter-city/Euro-city. Les agglomérations urbaines les plus importantes sont Stuttgart, Karlsruhe, Fribourg et Tübingen.

La population du Land est passée de 6,4 millions en 1950 à 10 millions d'habitants quarante ans plus tard. Sur 1 000 habitants, 102 sont d'origine étrangère, parmi lesquels 34 originaires de pays membres de l'Union européenne et 29 de Turquie.

La *Catalogne* est située à l'extrémité nord-est de la péninsule ibérique, entre la France et la principauté d'Andorre au nord, et la Méditerranée à l'est. Son relief est dominé par le massif des Pyrénées, dont les plus hauts sommets se trouvent dans la province de Lerida. Elle fait partie du bassin de l'Ebre qui, avec le LLobregat et le Ter, constituent les principaux fleuves de Catalogne. Son littoral est formé de la Costa Brava (Gérone), rocheuse, découpée et pittoresque et de la Costa Dorada (Barcelone, Tarragone) au sud, avec d'immenses plages de sable fin et un climat méditerranéen, sec et ensoleillé. A l'intérieur des terres, les conditions climatiques sont plus rigoureuses et se rapprochent de celles des hauts reliefs méditerranéens.

La Catalogne est bien reliée avec le centre de l'Espagne et avec le grand sud-est par l'autoroute de la Méditerranée qui rejoint le réseau autoroutier du sud de la France. Les liaisons aériennes et maritimes sont également satisfaisantes, Barcelone étant l'un des ports les plus importants du bassin méditerranéen.

La région est divisée en quatre provinces, Gérone, Tarragone, Lerida et Barcelone. La province de Lerida est deux fois plus vaste que les autres et représente, à elle seule, près de 38 % du territoire régional. Mais la province de Barcelone concentre 78 % de la population catalane et atteint une densité de 609 habitants au km^2, contre 29,6 dans la province de Lerida. A elle seule la ville de Barcelone atteint 1,7 million d'habitants, mais la région urbaine de Barcelone compte huit autres agglomérations de plus de 100 000 habitants : Hospitalet de Llobregat, Badalone, Sabadell, Tarrasa, Santa Coloma de Grammannet, Mataro. Deux autres villes comptent plus de 100 000 habitants : les capitales provinciales de Lerida et de Tarragone.

L'augmentation rapide de la population catalane dans les années soixante et soixante-dix est essentiellement due à l'immigration très importante qu'a connue la Catalogne. Durant les années soixante, la région a accueilli 750 000 personnes, auxquelles sont venues s'ajouter 300 000 autres durant les années soixante-dix. Avec la crise économique, l'essentiel de l'immigration est venu d'autres régions d'Espagne comme l'Andalousie, Murcie ou Castille-Manche.

La *Lombardie* comprend neuf provinces et son territoire est réparti en deux bandes parallèles : au nord une zone montagneuse divisée en zones alpines et préalpines, et au sud une zone plate, dans la plaine du Pô. Le climat est continental avec des hivers froids et brumeux et des étés chauds. Dans la zone des lacs au nord, le climat est plus doux. La région est abondamment irriguée par des rivières, toutes affluentes du Pô, des lacs et des canaux. Sa position au centre des communications avec les régions du nord de l'Italie et avec le reste de l'Europe a favorisé le développement de son commerce et de son activité économique.

L'évolution a revêtu des aspects multiples dans les provinces lombardes, opérant une assez nette distinction entre les zones du nord, celles du sud (Pavie, Crémone et Mantoue) et la zone de Milan. Depuis 1982, la population résidente est en constante augmentation dans les provinces du nord-ouest, à l'exemple de Sondrio, et continue à décroître dans le sud. La province de Milan, où réside environ la moitié de la population de Lombardie, continue de croître grâce à une immigration étrangère forte et l'apport de populations venues du sud du pays.

L'accroissement de population enregistré dans les années quatre-vingt contraste avec le ralentissement observé au cours de la décennie suivante. La structure par âge de la population lombarde a marqué un vieillissement considérable au cours des dernières années, et la tendance à l'augmentation du nombre d'unités familiales s'accompagne d'une diminution de leur taille moyenne.

La région *Rhône-Alpes* regroupe près de 10 % de la population française dans huit départements : l'Ain, l'Ardèche, la Drôme, l'Isère la Loire, le Rhône, la Savoie et la Haute-Savoie. Trois ensembles naturels composent la région :

- à l'ouest, le Massif central, zone de moyenne montagne
- au centre, le couloir rhodanien, composé des vallées de la Saône et du Rhône
- à l'est, les Alpes, zone de haute montagne, où culmine le Mont-Blanc, plus haut sommet d'Europe (4807 mètres).

Près de la moitié du territoire régional est située en zone de montagne, à plus de 600 mètres d'altitude. Du nord au sud, on passe progressivement d'un climat continental à un climat méditerranéen. Le territoire cultivé représente près de la moitié de la superficie régionale, les bois et les forêts un tiers.

Limitrophe de la Suisse et de l'Italie du Nord, proche de la Méditerranée, Rhône-Alpes bénéficie d'une situation privilégiée. C'est par la vallée du Rhône que se font les principales liaisons entre le nord et l'est de la France et le Midi, mais aussi entre les pays du nord de l'Europe et les pays méditerranéens.

La population est répartie de façon très inégale sur le territoire régional avec une forte concentration dans les zones urbaines et le long des axes de communication qui s'oppose à de larges espaces peu peuplés coïncidant le plus souvent avec les parties montagneuses. Près de 70 % de la population sont regroupés sur seulement 10 % de la superficie de la région. Ce déséquilibre de la répartition de la population se double de disparités sur le plan économique entre les différents bassins d'emplois.

Rhône-Alpes se situe parmi les régions les plus attractives de France, après les régions du Sud. Sa démographie se caractérise par la poursuite de la croissance des communes rurales à la périphérie des grandes agglomérations et par le dynamisme important des départements situés au nord-est de la région, l'Ain et la Haute-Savoie en particulier. La population régionale est assez jeune, puisque 27 % des Rhônalpins ont moins de 20 ans, 54 % ont entre 20 et 60 ans et 19 % ont plus de 60 ans. La démographie de Rhône-Alpes est également caractérisée par la présence d'une assez forte population immigrée voisine de 450 000 personnes et constituée principalement d'Algériens, de Portugais, de Marocains, d'Italiens, de Tunisiens, de Turcs, et d'Espagnols.

III. L'approche économique

Le Bade-Wurtemberg compte près de 5,2 millions d'actifs. La sylviculture et l'agriculture ne constituent plus que 2,7 % des actifs. L'évolution de la société agraire vers une société industrielle puis une société de services s'est réalisée de façon très nette, mais de façon plus lente que dans les autres Länder allemands. Ce sont les zones rurales, autrefois faiblement développées, qui enregistrent la dynamique la plus forte. L'élévation constante du niveau de formation de la population active est le reflet de cette transformation. Sur 100 actifs, 27 n'ont pas de formation professionnelle sanctionnée par un diplôme, 53 ont fait un apprentissage selon le système de l'alternance, 9 sont agents de maîtrise ou techniciens et 12 sont diplômés d'une école supérieure technique ou d'une grande école. Le Bade-Wurtemberg compte plus de 220 000 étudiants.

400 000 travailleurs étrangers vivent au Bade-Wurtemberg, la plupart sont employés dans l'industrie de transformation, et principalement dans les sidérurgie, la construction, l'automobile, la mécanique et dans le bâtiment. Le nombre d'étrangers s'établissant à leur compte dans le commerce des fruits et légumes, le petit artisanat, l'hôtellerie et le bâtiment est en hausse continue.

Le marché de l'emploi est tendu et il y a, souvent dans le même temps, pénurie de main-d'œuvre et chômage. Le taux de chômage pour 1998 s'élevait à 8 % de la population active.

Malgré la présence de quelques grandes firmes de notoriété mondiale, comme Daimler-Benz, Zahnradbabrik Friedrichshafen, Porsche, Audi-NSU et Iveco-Magirus (construction automobile), Robert Bosch, SEL (matériel électrique), IBM Deutchland (ordinateurs), la moyenne entreprise prédomine dans l'économie du Land, avec de nombreuses entreprises innovatrices. Les deux-tiers des entreprises ont moins de quatre salariés et seulement 3 % en comptent plus de 50.

La moitié des salariés employés dans les industries de transformation est concentrée dans la construction mécanique, l'électrotechnique et l'automobile. La mécanique de précision, l'optique, l'horlogerie, l'industrie du jouet, la transformation des métaux et l'électronique se partagent l'autre moitié. Les dépenses de recherche et développement (R &D) sont supportées conjointement par l'État et les entreprises et près du quart du personnel de la RFA, avant l'unification, travaillait au Bade-Wurtemberg, et principalement dans la région de Stuttgart.

En Catalogne, durant la première moitié des années quatre-vingt, l'emploi a régressé comme dans l'ensemble de l'Espagne qui, entre 1980 et 1986, a perdu environ un million d'emplois, dont un cinquième en Catalogne. Au cours de la seconde partie de la décennie, la tendance s'est inversée, et la Catalogne est la région qui a, durant cette période, créé le plus d'emplois. Le travail à temps partiel est moins répandu que dans le reste du pays, avec moins du quart des salariés.

L'agriculture représente 4 % de la population active (environ 10 % pour l'Espagne), l'industrie et la construction 41 % (32 % pour l'Espagne), les services 55 % (58 % pour l'Espagne). Le taux de chômage 10,6 % en 1996 est inférieur à celui de la moyenne nationale (14,3 %). L'amélioration de l'emploi en Catalogne depuis la deuxième moitié des années quatre-vingt est principalement due à la croissance économique de la région qui a débouché sur de nombreuses créations d'emplois, surtout dans les services.

L'industrie, assez diversifiée, repose sur le textile, le cuir et la chaussure, la chimie, la métallurgie et les biens d'équipement. Les principales entreprises sont SEAT-Volkswagen, Nissan Motors Iberica (construction automobile), Fomento de Obras y Construcciones-FOSCA (bâtiment et immobilier), et la Caixa de Pensions de Barcelona-la Caixa (organisme financier). Bien que les petites entreprises prédominent (71 % ont moins de 10 salariés), la Catalogne compte un nombre important d'entreprises moyennes (26 % ont de 10 à 100 salariés), et environ 300 entreprises dont l'effectif dépasse 250 salariés.

Le secteur tertiaire, commerce et services collectifs et financiers, gagne du terrain, avec un développement très rapide des services à vocation touristique, particulièrement sur le littoral.

Le produit intérieur brut par habitant est l'un des plus élevés d'Espagne mais demeure très inférieur à la moyenne communautaire.

La Lombardie demeure une région industrielle forte, avec une tertiarisation progressive liée essentiellement à l'industrie. La présence féminine marquée sur le marché de l'emploi est concentrée dans le secteur tertiaire. Le nombre des travailleurs indépendant a fortement augmenté au cours des dernières années dans l'industrie et le tertiaire, résultat de l'esprit entrepreneurial bien connu des Lombards. La Lombardie compte plus de 180 000 étudiants.

Le chômage est en baisse régulière, et se situe aux alentours de 6 %, très inférieur à la moyenne nationale et communautaire.

La Lombardie a toujours connu une très forte concentration industrielle, et se caractérise par la diversité de ses industries traditionnelles, la métallurgie, la construction mécanique et électrique, l'industrie chimique, les transports. Elle a également développé une série de pôles industriels, telles que l'industrie textile autour de Côme, l'industrie du bois et de l'ameublement en Brianza et l'industrie agro-alimentaire dans la province de Crémone. C'est une région de référence en Italie pour la recherche (30 % du potentiel de recherche italien), et pour des secteurs à haut niveau technologique comme l'électronique, les télécommunications et les biotechnologies. Les industries lombardes sont en général de petite ou moyenne dimension et son surtout concentrées au nord de la région.

Le secteur tertiaire, très développé, est bien intégré dans l'industrie

En Rhône-Alpes, le déséquilibre de la population entre l'est et l'ouest se double de disparités sur le plan économique entre les différents bassins d'emplois. Les bassins industriels les plus anciens, autour de Saint-Étienne et Roanne, ont fortement souffert de la crise économique des années soixante-dix. En revanche, les bassins situés à proximité de la Suisse affichent un fort dynamisme économique, qui s'appuie sur un développement important du travail frontalier. Dans la vallée de la Saône, autour des grandes agglomérations de Lyon et de Grenoble, ou encore le long du sillon alpin, de Chambéry à Annecy, on trouve une structure d'activité économique équilibrée entre industrie et tertiaire. Le sud de la région, et principalement les départements de la Drôme et de l'Ardèche, continue de bénéficier d'un apport migratoire, sans que l'emploi puisse toutefois équilibrer la croissance de la population active qui en découle.

L'industrie y compris le bâtiment, occupe environ un actif sur trois, mais les effectifs ont beaucoup diminué durant la crise des années soixante-dix et quatre-vingt. Le tertiaire occupe six actifs sur dix et le nombre d'emplois dans ce secteur a doublé en trente ans. Enfin, le poids de l'agriculture est plus faible que sur le plan national, et le nombre d'emplois a été diminué par quatre en trente ans.

L'énergie et les biens d'équipement sont les branches industrielles où le niveau de qualification est le plus élevé. Dans le tertiaire, ce sont les assurances et les organismes financiers qui présentent les proportions de cadres et de professions intermédiaires les plus importantes.

Le taux de chômage en Rhône-Alpes un peu plus de 10 % est légèrement inférieur à celui de la France. Depuis une dizaine d'années, cet écart a d'ailleurs tendance à se réduire. Les départements où le chômage a le plus augmenté depuis le début des années quatre-vingt sont l'Ardèche et surtout la Drôme. La Loire qui a été très affectée par la crise qui a frappé ses industries traditionnelles (charbon, textile), et qui a assisté à la fermeture de son entreprise phare Manufrance, s'est stabilisée au cours des dernières années. Les trois départements du nord-est de la région, Savoie, Haute-Savoie et Ain ont des taux de chômage particulièrement bas, dus en partie à la proximité du marché du travail suisse.

L'un des atouts de Rhône-Alpes est la diversification de son économie. Si l'agriculture y tient une place modeste du fait des handicaps naturels dus au relief mais également du fait des structures d'exploitation trop petites, l'industrie en revanche est particulièrement bien représentée et s'appuie à la fois sur une forte implantation des groupes français et étrangers, et sur un tissu dense de petites et moyennes entreprises. Le tertiaire apparaît quelque peu sous-représenté, mais Rhône-Alpes se situe néanmoins dans la moyenne des régions françaises.

L'importance des services d'ingénierie et de conseil ont par ailleurs joué un rôle primordial dans le développement des entreprises.

Second pôle industriel français, Rhône-Alpes concentre plus de 11 % des effectifs nationaux. La tradition industrielle s'est développée grâce aux ressources naturelles de la région, principalement sur le plan énergétique ; la région possède sur son territoire d'importantes ressources hydroélectriques et plusieurs centrales nucléaires.

Le secteur des biens intermédiaires est le plus important. La chimie est particulièrement développée tout au long de la filière, depuis la pétrochimie jusqu'à la pharmacie. Rhône-Alpes est également spécialisée dans la production d'aluminium, la fabrication de combustible nucléaire, dans la métallurgie et le travail des métaux. On y trouve le principal centre français de la transformation des matières plastiques (Oyonnax). La production des biens d'équipement est une autre spécialité de la région, avec les équipements industriels, le matériel de transport, la construction électrique et électronique. Le secteur des biens de consommation est moins développé, même si le secteur textile-habillement et cuir-chaussures est important, de même que les activités liées aux sports d'hiver. La région a vu naître et se développer un certain nombre d'entreprises qui sont devenues de grandes multinationales. Avec la nationalisation de cinq groupes industriels en 1982 : Péchiney-Ugine-Kuhlmann, Rhône-Poulenc, Thomson-Brandt, Compagnie Générale d'Électricité et Saint-Gobain, le secteur public a représenté un quart du potentiel de production. Les principales entreprises de la région sont Renault Véhicules Industriels (construction automobile), Rhône-Poulenc chimie et Atochem (industrie chimique de base), Merlin Gerin (construction électrique et électronique), Société lyonnaise de transports en commun (transports urbains), Crédit agricole mutuel du Sud-Est (organisme financier), Société nouvelle de roulements et Sextant Avionique (matériel de précision).

Rhône-Alpes se caractérise également par son tissu très dense de petites et moyennes entreprises : 81 % des établissement ont un effectif inférieur à dix salariés. Ces petites structures industrielles et commerciales, par leur nombre, leur grande diversité géographique et sectorielle, leur poids dans l'économie régionale et leur faculté d'adaptation et d'innovation technologique représentent un atout important pour le développement économique de Rhône-Alpes, au plan national et au plan européen.

Rhône-Alpes présente également un important potentiel de recherche qui en fait la deuxième région en France après l'Ile-de-France. Les effectifs de chercheurs se répartissent à égalité entre établissements publics et privés ou centres techniques professionnels. Plusieurs laboratoires de recherche européens ou internationaux y sont implantés.

Le tourisme a une importance particulière en Rhône-Alpes. Il concerne notamment les départements alpins de Savoie et de Haute-Savoie mais aussi les zones de moyenne montagne, dans la Drôme en Ardèche et en Isère notamment. La région dispose d'une importante capacité d'accueil touristique pour répondre à l'importante demande aussi bien en été qu'en hiver. Elle a organisé à trois reprises les Jeux Olympiques d'hiver : Chamonix en 1924, Grenoble en 1968 et Albertville en 1992.

IV. Les institutions administratives et politiques régionales[54]

1. Le fonctionnement des institutions

En *Allemagne*, la Loi fondamentale du 23 mai 1949 définit un État fédéral dotant les seize Länder (11 avant la réunification de l'Allemagne en 1990) de larges compétences : chaque Land (État fédéré) possède sa propre Constitution, devant correspondre aux principes de l'État de droit, républicain, démocratique et social, défini par la Loi fondamentale.

Les Länder ont un statut d'État indépendant : une Constitution, un territoire, des attributions propres. Ils ont le devoir d'exercer les compétences de l'État ou de remplir les compétences étatiques que la Loi fondamentale définit.

Les Länder sont représentés au Bundesrat (Sénat) et participent ainsi à la législation et à l'administration du Bund (Fédération). Le Bundesrat dispose d'une certaine initiative des lois et approuve obligatoirement les lois amendant la Constitution, touchant au revenu fiscal ou intervenant dans l'autonomie des Länder. Pour toutes les autres lois, le Bundesrat ne dispose que d'un veto suspensif. Les délégués au Bundesrat ont un mandat impératif.

Le contrôle de la Fédération sur le Land n'est pas direct, mais s'exerce par un accroissement du contrôle fédéral sur l'administration fédérée. On assiste parallèlement à une extension du fédéralisme coopératif, à la fois de façon verticale (Bund, Länder, commissions) et horizontale, à travers la Conférence représentant tous les Länder pour la coordination de leurs compétences. Le contrôle du Bund se fait également à travers un contrôle de légalité pour toutes les matières ne relevant pas de la compétence exclusive du Land.

Au *Bade-Wurtemberg*, le Landtag (Diète) est composé de 151 députés élus pour quatre ans. Ses pouvoirs sont importants :

- il possède une compétence législative et vote les lois du Land
- il assure un contrôle politique du Landesregierung (gouvernement régional) qui est responsable devant lui
- il a toutes les compétences d'une assemblée législative, sauf en ce qui concerne la diplomatie, la défense, la monnaie, les postes et télécommunications et les douanes.

Le président actuel du Landtag du Bade-Wurtemberg est M. Peter Straub (CDU).

Le gouvernement du Land est présidé par un Ministre-Président élu par le Landtag, et qui nomme les ministres et les secrétaires d'État du Land.

Au Bade-Wurtemberg, le Ministre-Président est M. Erwin Teufel (CDU), élu le 18 juin 1996, à la tête d'une coalition CDU-FDP, et qui a succédé à M. Lothar Späth (CDU).

---

54. La présentation des institutions est extraite du Document des Quatre Moteurs pour l'Europe, *Structures juridiques comparées* de janvier 1997, élaboré par la Direction des Relations internationales de la régions Rhône-Alpes (36 p).

La composition de l'exécutif est la suivante :

- Le ministre-président, le vice-ministre et ministre de l'économie, le ministre de l'intérieur, le ministre de l'éducation, jeunesse et sports, le ministre des sciences, recherche et culture, le ministre de la justice, le ministre des finances, le ministre de l'aménagement du territoire et de l'agriculture, le ministre du travail, de la santé et de l'ordre social, le ministre de l'environnement et des transports, le ministre d'État représentant le Bade-Wurtemberg à Bonn, le secrétaire d'État au ministère de l'économie.

Les six délégués du Bade-Wurtemberg au Bundesrat sont membres du Landesregierung.

Les pouvoirs du Landesregierung sont les suivants :

- le pouvoir de faire exécuter les lois, même fédérales : il s'agit du pouvoir le plus important
- le pouvoir de conclure des traités avec d'autres Länder et avec des pays étrangers, pour autant que ces traités ressortent de la compétence du Land. Ils sont ratifiés par le Landtag.

Chaque Land possède des tribunaux civils, pénaux, administratifs et constitutionnels. La Cour Fédérale Constitutionnelle dont le siège est à Karlsruhe domine l'ensemble du système et arbitre entre les autres conflits de compétences.

Les compétences propres du Land sont l'éducation, la culture, les médias, la police, la planification du Land, la protection de la nature, l'économie des eaux. D'autres compétences, comme le droit, civil, la procédure judiciaire, le notariat, la résidence et l'établissement des étrangers, la circulation routière ou le logement sont partagées avec le Bund (Fédération). La Fédération est seule responsable de la politique étrangère, de la défense et de la monnaie.

En *Espagne*, les Communautés autonomes datent de la Constitution du 29 décembre 1978, reconnaissant le droit à l'autonomie des régions dans le cadre d'un État unitaire.

Les fédérations de Communautés autonomes sont interdites par la Constitution pour prévenir tout risque d'éclatement de l'unité nationale. Un fonds de compensation interrégional a été créé afin réduire les écarts entre régions riches et régions moins développées. La solidarité interrégionale, mise en œuvre par la création de ce fonds, est un principe très fort de la Constitution espagnole ;

Le transfert de compétences s'est effectué plus rapidement pour les régions "historiques" (Catalogne, Pays Basque, Galice et Andalousie) mais à terme, le degré final d'autonomie de l'ensemble des Communautés autonomes doit être le même.

Les Communautés autonomes désignent une partie des sénateurs. Elles peuvent présenter des lois aux Cortes (Chambre des députés), et peuvent demander une réforme constitutionnelle. Elles peuvent également saisir le Tribunal Constitutionnel, organe de régulation juridique entre l'État et les Communautés autonomes.

La Communauté autonome n'a pas de personnalité constitutionnelle, n'étant qu'une collectivité territoriale de droit public dotée de l'autonomie législative et d'organes propres de gouvernement mais non de souveraineté. C'est en cela que, malgré le degré d'autonomie très élevé des Communautés autonomes, l'Espagne est constitutionnellement un État unitaire.

L'organe législatif de la Communauté autonome est le Parlement régional élu pour quatre ans au suffrage universel direct, à la proportionnelle dans le cadre des provinces (équivalent des départements français).

Le Parlement régional :
- vote les lois régionales
- contrôle le Conseil exécutif (gouvernement régional) responsable devant lui
- se prononce sur des résolutions politiques
- est le lieu d'interpellation des membres du gouvernement régional et des questions des commissions d'enquête.

En *Catalogne*, le Parlement régional est composé de 150 députés, élus pour quatre ans. Son Président est M. Joan Rabentros.

Le Conseil exécutif est l'organe exécutif et administratif de la Communauté autonome. Dirigé par un Président, il est composé de conseillers et regroupe une douzaine de ministères.

Le Conseil exécutif exerce :
- la direction politique : l'établissement et l'exécution du programme de gouvernement
- la direction administrative : la nomination aux postes publics
- le contrôle du respect des domaines de compétence par l'État.

Le président du Conseil exécutif est élu par le Parlement régional parmi ses membres, devant lequel il est politiquement responsable et nommé par le Roi. Il désigne et révoque les membres du Conseil, veille à l'administration générale de la Communauté autonome, assure sa représentation ainsi que celle de l'État sur le territoire de la Communauté.

Le contrôle de l'État s'exerce au moyen du Tribunal Constitutionnel qui contrôle les lois régionales et les actes de contentieux administratif des communautés autonomes. Le gouverneur civil représente l'État dans chaque province et contrôle les directions provinciales des différents départements de l'administration civile de l'État. Le délégué du gouvernement représente l'État dans chaque communauté autonome, et contrôle la régularité des mesures prises par les autorités régionales. Il dirige l'administration de l'État sur son territoire.

Le Président de la Generalitat est M. Jordi Pujol i Soley (Convergencia i Unio, CiU). L'exécutif est actuellement ainsi constitué : le Président, le secrétaire général de la présidence, le ministre aux affaires gouvernementales, le ministre de l'économie et des finances, le ministre de la culture, le ministre de la santé et de la sécurité sociale, le ministre des travaux publics, le ministre de l'agriculture, de l'élevage et de la pêche, le ministre du travail, le ministre de la justice, le ministre de l'industrie, du commerce et du tourisme, le ministre de l'éducation, le ministre de l'environnement, le ministre du bien-être social, le conseiller de la présidence.

Les compétences de la Catalogne concernent le droit civil catalan et l'organisation de l'administration régionale ; l'aménagement du territoire, l'urbanisme et le logement ; les travaux publics sur son propre territoire ; l'assistance sociale, le tourisme, la jeunesse et sports, les loisirs, les jeux et les paris ; le patrimoine historique et artistique ; la gestion des réseaux locaux de transport et l'irrigation ; la production, la distribution et le transport de l'énergie ; l'artisanat, la pêche et les forêts, l'agriculture et l'élevage ; la recherche et l'enseignement ; la tutelle des ordres professionnels.

En *Italie*, la création des régions remonte à la Constitution du 27 décembre 1947. Les régions sont des entités territoriales, dotées de pouvoirs législatifs et administratifs. La Constitution distingue deux catégories de régions : les cinq régions à statut spécial (Sicile, Sardaigne, Frioul-Vénétie-Julienne, Vallée d'Aoste et Trentin-Haut-Adige) qui possèdent d'avantage de pouvoirs, notamment en matière législative, et les quinze régions à statut ordinaire, dont la véritable création ne remonte qu'au début des années 1970.

Les régions participent aux institutions nationales de différentes façons :

- elles élisent le président de la République, à raison de trois délégués par région ;
- elles peuvent présenter à la Chambre des représentants (députés) des propositions de loi en rapport avec l'intérêt régional ;
- elles ont un droit d'initiative référendaire, pour les référendums populaires d'abrogation d'une loi nationale ou d'une loi nationale n'ayant pas obtenu les deux-tiers des voix dans les chambres nationales ;
- elles composent la commission de contrôle des actes régionaux.

Le contrôle de l'État s'exerce sur plusieurs domaines d'activité. La Cour constitutionnelle contrôle l'activité législative du conseil régional, par le contrôle de légalité de délimitation des domaines de compétence. La Commission régionale de contrôle, organe déconcentré de l'État, contrôle l'activité administrative de la région. Dans l'hypothèse où le Conseil régional viole une loi ou la Constitution, ou se trouve dans l'impossibilité de former une majorité, la Commission régionale de contrôle peut dissoudre le Conseil régional. Enfin, le Commissaire de la République, fonctionnaire d'État nommé en Conseil des ministres, dirige les administrations de l'État dans la région, et vise les lois régionales, qu'il peut déférer à la Cour Constitutionnelle.

Les régions participent à la planification économique nationale à travers le Comité interministériel à la planification économique, en élaborant des plans de développement régionaux et en se chargeant de réaliser le plan national au moyen de mesures régionales.

En *Lombardie*, le Conseil régional est composé de 80 conseillers régionaux élus au suffrage universel direct pour cinq ans. Ce mandat régional est incompatible avec un mandat de député ou de sénateur. Le Conseil régional exerce le pouvoir législatif, et a une fonction d'orientation politique par l'élection des présidents et vice-présidents de la Giunta (exécutif). Il adopte les actes gouvernementaux relatifs à la programmation globale et sectorielle, à la répartition des fonds structurels, aux plans régionaux de développement, au contrôle des mesures d'urbanisme et des plans de travaux publics.

La Giunta est l'organe collégial élu par le Conseil régional, dirigé par le Président et soumis au contrôle du Conseil régional. Le président de la Lombardie est M. Roberto Formigoni (Parti populaire italien). Les assesseurs, qui participent aux séances du Conseil régional, n'ont pas de pouvoir de décision individuelle, mais leur importance tient à l'établissement de liens directs avec les administrations centrales. Les pouvoirs de la Giunta sont le pouvoir exécutif, le pouvoir administratif, le pouvoir d'initiative budgétaire et l'établissement du budget prévisionnel annuel présenté au Conseil régional, la promulgation des lois et règlements régionaux.

La Giunta est composée du président, du vice-président, des assesseurs au budget, aux affaires générales, à la santé, à la famille et aux affaires sociales, à la jeunesse et la formation professionnelle, le travail et le sport, à la transparence et la culture, à l'artisanat, à l'agriculture, à l'industrie, au commerce et au tourisme, à l'environnement et à l'énergie, aux travaux publics et aux bâtiments résidentiels, à l'urbanisme et au territoire, aux transports et à la voirie, aux collectivités locales et au fédéralisme.

Les compétences de la région concernent les matières déléguées par l'État aux régions : l'organisation de l'administration, les services sociaux, le développement économique, l'aménagement du territoire et l'occupation des sols. La région a un contrôle de tutelle sur les collectivités inférieures, provinces et communes. Elle a également des compétences partagées avec l'État en matière de législation du travail, de sécurité sociale, de pêche en mer, d'environnement, de communications, de musées, de sécurité publique et de culture.

En *France*, la région est devenue en 1982 une collectivité territoriale, au même titre que le département et la commune. Elle avait, depuis 1972, le statut d'Établissement public. Avec les lois de décentralisation de 1982-1983, la région a obtenu la reconnaissance d'une identité propre, la tutelle a priori a été supprimée, et ses compétences étendues à toutes les "affaires régionales". Le Conseil régional a pour compétence de "promouvoir le développement économique, sanitaire culturel et scientifique de la région, et l'aménagement de son territoire, pour assurer la préservation de son identité dans le respect des attributions et de l'autonomie des départements et des communes".

Dotée de la personnalité morale de droit public depuis 1972, la loi du 2 mars 1982 lui confère la qualité de collectivité territoriale, des organes propres et rappelle que son fonctionnement est subordonné au respect de la loi nationale, d'où la nécessité d'un contrôle juridique exercé *a posteriori*, par le Préfet de région et la Chambre régionale des Comptes.

Depuis les premières élections régionales du 16 mars 1986, le Conseil régional est élu au suffrage universel, pour une durée de six ans, à la proportionnelle, avec une circonscription départementale[55]. Il se réunit au moins une fois par trimestre. Il a pour rôle de promouvoir

55. La loi du 19 janvier 1999 modifie considérablement le scrutin régional. En 2004, lors des prochaines élections régionales, les conseillers régionaux seront élus pour 5 ans au lieu de 6 actuellement. Cette élection se déroulera désormais au scrutin de liste à deux tours, dans une circonscription unique, la région, et non plus par département.

le développement économique, social, sanitaire, culturel et scientifique de la région, et le développement de l'identité régionale dans le respect des autres collectivités territoriales, départements et communes. Il vote le budget régional, élabore le Plan régional et participe aux études d'aménagement du territoire et de préparation du Plan national. Il entretient, avec l'accord de l'État, des contacts réguliers avec les collectivités décentralisées ayant une frontière commune avec la région.

Depuis la loi de décentralisation du 2 mars 1982, des compétences spécifiques ont été reconnues aux régions par de nouvelles lois de décentralisation. Ainsi, la loi du 1er juin 1983 donne aux régions la compétence en matière de formation professionnelle continue et d'apprentissage, et depuis le 1er janvier 1986, les régions sont compétentes dans le domaine de l'enseignement du second degré : construction, entretien et fonctionnement des lycées d'enseignement général, d'enseignement technique, professionnel ou agricole. Elles jouent également un rôle en matière de planification scolaire, en établissant le schéma prévisionnel des formations. Elles ont également reçu compétence concernant les parcs naturels régionaux.

L'exécutif de la région est passé, en 1982, du Préfet de région au président du Conseil régional. Le bureau de la région est composé du président et des vice-présidents. Le président prépare et exécute les délibérations du Conseil régional et dispose d'une administration régionale. Il est l'ordonnateur des dépenses et des recettes de la région, en gère le patrimoine et dirige les services créés par la région et ceux qui lui sont transférés par l'État.

Le président du conseil régional saisit le Conseil Économique et Social Régional, organe consultatif, soit à titre obligatoire, soit à titre facultatif. La saisine est obligatoire pour avis :

- sur le contrat de Plan État-Région, son bilan annuel d'exécution et sur tout document de planification intéressant la région,
- sur les différents documents budgétaires de la région et leurs orientations
- sur les orientations générales dans les domaines de compétences transférées aux régions sur lesquelles le conseil régional est appeler à délibérer : apprentissage et formation professionnelle continue, lycées, formation professionnelle des jeunes.

Il peut être saisi par le président du conseil régional sur tout projet à caractère économique, social et culturel et, par autosaisine, peut mener des études et émettre des avis sur toute question relevant de la compétence de la région.

La tutelle administrative a priori de l'État a été supprimée lors de la réforme de 1982, et seul un contrôle de légalité a posteriori a été mis en place. Le Préfet de région, nommé par décret en Conseil des ministres, représente tous les ministères et dirige les services régionaux de l'État dans la région. Il possède le pouvoir de saisir le tribunal administratif pour exercer un contrôle de légalité sur les délibérations de la région. Il est en charge de la mise en œuvre de la politique gouvernementale en matière d'aménagement du territoire et de la maîtrise de la planification régionale.

En *Rhône-Alpes*, le conseil régional comprend 157 élus. Depuis 1980, il était présidé, par M. Charles Millon (UDF), député-maire de Bellay dans l'Ain. Une crise politique majeure a suivi la réélection de M. Millon le 20 mars 1998 qui a accepté les voix du Front national pour conserver, en l'absence d'une majorité relative, la présidence de la région. Le 9 décembre 1998, le Conseil d'État a annulé l'élection du 20 mars 1998, pour vice de forme, un débat s'étant déroulé entre les deux tours de scrutin, débat interdit par une récente loi de 1998. De nouvelles élections ont été organisées en janvier 1999, et en l'absence de majorité absolue ou relative d'un des candidats à la présidence, c'est Mme Anne-Marie Comparini (UDF), adjointe au maire de Lyon, qui a été élue, au troisième tour de scrutin, avec l'apport des voix de la gauche plurielle (PS, PC et Verts). La nouvelle présidente a mis en place un exécutif réduit à 8 membres contre 15 dans la précédente mandature. Les vice-présidences concernent les domaines suivants :

– Finances personnel et administration ;
– Emploi ;
– Enseignement supérieur et recherche ;
– Transports et communication ;
– Aménagement du territoire et contrat de plan ;
– Formation initiale ;
– Culture ;
– Environnement et aménagement rural.

2. L'organisation territoriale

Le *Bade-Wurtemberg* a trois niveaux d'administration territoriale : la circonscription administrative (Regierungsbezirk), le Kreis et la commune.

Le Land est formé de quatre circonscriptions administratives, instances intermédiaires de l'administration générale : le Wurtemberg-Nord (Stuttgart), le Bade-Nord (Karlsruhe), le Bade-Sud (Fribourg) et le Wurtemberg-Sud-Hohenzollern (Tübingen).

Le Kreis (cercle) correspond à l'arrondissement français au niveau du découpage territorial mais il est doté de pouvoirs administratifs qui se rapprochent de ceux du département français. Le Bade-Wurtemberg compte 9 districts urbains (Stadtkreise) et 35 districts ruraux (Landkreise). Son exécutif est chargé du contrôle administratif des communes de son territoire.

Le Bade-Wurtemberg compte 1 111 communes, soumises au contrôle administratif a posteriori du Land. Les communes sont dotées d'une compétence générale, et peuvent, en fonction du principe d'autonomie qui les régissent, régler elles-mêmes les affaires sous leur responsabilité.

La *Catalogne* a trois échelons territoriaux : la province, la Comarca et la commune.

La province équivaut au département français. Elle est formée d'une Diputacion, avec des pouvoirs sensiblement identiques à ceux du conseil général français. Les provinces catalanes sont au nombre de quatre : Barcelone, Girone, Lerida et Tarragone.

La Comarca correspond au canton français, mais avec un véritable statut de collectivité territoriale qui la rapproche du Kreis allemand. En Catalogne, cet échelon est considéré comme l'expression de la réalité nationale. Il a la personnalité juridique et exerce ses compétences propres, déléguées par la loi, en matière d'aménagement du territoire et d'urbanisme, de santé et de services sociaux, et de culture, de santé et d'enseignement. La Catalogne compte 41 Comarcas.

La *Lombardie* comprend neuf provinces, unités territoriales proches du département français : Bergame, Brescia, Côme, Crémone, Mantoue, Milan, Pavie, Sondrio, Varèse.

La *région Rhône-Alpes* compte huit départements : l'Ain, l'Ardèche, la Drôme, l'Isère, la Loire, le Rhône, la Savoie et la Haute-Savoie. Les départements sont compétents pour la voirie et l'aide sociale, et depuis les lois de 1983 pour l'action sanitaire et sociale, le logement, l'équipement rural, les transports, les collèges, ainsi que des pouvoirs d'intervention économique.

La commune est l'échelon territorial le plus ancien, avec pour compétences les plans d'occupation des sols, les plans de déplacements urbains, les programmes locaux de l'habitat, les écoles maternelles et élémentaires.

3. Les budgets et les modes de financement

Le *Bade-Wurtemberg* a un budget qui, pour 1998, s'élevait à 67,6 milliards de Deutschmarks, soit environ 236 milliards de francs français.

La part principale des recettes de fonctionnement est constituée par les recettes fiscales. L'impôt sur le revenu et les salaires, la taxe professionnelle, la TVA et l'impôt sur les revenus commerciaux sont des recettes fiscales partagées avec le Bund. Les recettes fiscales propres sont essentiellement la taxe sur les véhicules, sur l'acquisition des biens mobiliers, l'impôt sur les successions et sur les jeux.

En *Catalogne* le budget s'élevait en 1997 à 1,681 milliard de pesetas, soit environ 65 milliards de francs français.

Les recettes sont composées des impôts cédés par l'État, les surtaxes sur les impôts d'État, les impôts, taxes et contributions spéciales propres, les revenus du patrimoine, l'emprunt.

Les dépenses de santé, de bien-être social et d'éducation représentent plus de la moitié du budget de la Generalitat.

Le budget de la *Lombardie* s'élevait en 1998 à 24,5 milliards de lires, soit environ 83 milliards de francs français.

L'article 5 de la Constitution stipule que les régions ont l'autonomie financières dans les limites de la coordination avec les finances de l'État et des autres collectivités territoriales. Mais dans la pratique, cette autonomie est impossible car le législateur fixe dans le détail l'encaissement des impôts propres, qui ne représentent que 10 à 15 % des recettes. Or, les transferts ont augmenté plus vite que les ressources propres, ce qui entraîne une dépendance accrue des régions vis-à-vis de l'État.

Les ressources propres proviennent des taxes de circulation, sur les concessions régionales et sur l'occupation du domaine public. Le recours à l'emprunt est possible mais ne doit pas excéder 25 % des recettes courantes.

Le *budget de la région Rhône-Alpes* pour 1999 s'élève à 7,4 milliards de francs.

Les recettes proviennent, pour 33 %, de la fiscalité directe nette et pour 17 % de la fiscalité indirecte. L'autre moitié des recettes provient des transferts de crédits de l'État et de l'emprunt.

Les dépenses donnent la priorité à l'éducation et la formation professionnelle, à l'emploi, au développement économique et à l'aménagement du territoire. La formation et l'éducation représentent la moitié du budget régional.

Conclusion

DES QUESTIONS POUR AUJOURD'HUI ET POUR DEMAIN

On ne peut qu'être impressionné devant le nombre d'actions engagées, de réflexions menées, de projets envisagés et de programmes réalisés depuis dix ans. Il convient néanmoins de rester lucide et de faire la part entre les éléments positifs de la coopération et ceux qui peuvent aujourd'hui poser question.

Les éléments positifs de la coopération

Ce qui nous paraît le plus important, dans ce bilan des Quatre Moteurs, c'est à la fois la longévité de la coopération et la volonté des principaux responsables de poursuivre l'effort malgré les difficultés et les obstacles de toute nature. Dix années de coopération soutenue, de programmes suivis par un certain nombre d'élus, de fonctionnaires, d'experts, sont le gage d'une grande soif de réussir l'expérience engagée à la fin des années quatre-vingt. Nous l'avons déjà mentionné, cette réussite tient en grande partie à la souplesse de la coopération, à l'absence de rigidité trop grande des structures de décision et au caractère parfaitement volontariste des actions engagées. Le système demeure léger, souple, flexible et très pragmatique. Cela explique notamment qu'un certain nombre de ces actions ont eu d'abord un caractère bilatéral avant de passer à un échelon multilatéral. D'ailleurs, pour certains projets, le caractère bilatéral demeure sans que cela pose problème aux partenaires qui ne souhaitent ou ne peuvent, ponctuellement, s'engager dans une démarche multilatérale.

Un autre aspect très positif nous semble tenir au fait que progressivement un apprentissage commun s'est mis en place, les acteurs ont noué des contacts qui leur ont permis de mieux comprendre la culture et le savoir-faire de leurs partenaires. Selon la formule de l'un de nos interlocuteur, "les Quatre Moteurs c'est une façon, commune de réfléchir sur le futur, c'est une nouvelle conception de l'avenir européen". Un autre responsable interrogé ajoute : "On n'a plus besoin de faire la preuve qu'on est des moteurs, on est reconnu comme tels, et les Quatre Moteurs sont devenus une politique de tous les jours".

On doit souligner également que la Commission européenne était à l'origine relativement réservée sur une expérience qui lui semblait avant tout constituer un "club des riches" au moment même où la politique communautaire tentait, par la réforme des Fonds structurels, de réduire l'écart entre régions développées et régions en difficulté. Même si certaines réticences subsistent, comme en témoigne le nombre important de projets de financement européens déposés par les Quatre Moteurs et souvent rejetés par les différentes Directions de la Commission européenne, il semble qu'aujourd'hui l'analyse de la coopération soit beaucoup mieux comprise et que cette coopération d'un nouveau genre apparaisse comme un modèle pour d'autres régions en Europe.

Par ailleurs, les régions partenaires ont su, par leur coopération, mener à bien leurs opérations de "lobbying" souvent décisives pour faire aboutir, au niveau européen ou au niveau des États membres de l'Union européenne, des projets ou des programmes d'action considérés comme essentiels pour le développement des régions partenaires. C'est vrai des transports ferroviaires, mais aussi de l'environnement, de la formation ou de la culture par exemple.

Nos interlocuteurs ont également souvent insisté sur le rôle irremplaçable des régions en tant que "facilitateurs de projets" et d'aide au "faire-faire", et ce qui est vrai au niveau d'une région particulière l'est sans doute encore plus au niveau européen : les régions partenaires ont acquis des habitudes de travail, ont constitué des réseaux stables qui facilitent grandement l'action des agents économiques, universitaires, sociaux ou culturels qui souhaitent travailler plus étroitement avec d'autres régions européennes. De ce point de vue, le rôle des coordinateurs est fondamental pour aider à la circulation des informations et des décisions.

Les Quatre Moteurs ont un effet fortement incitatif sur de très nombreux acteurs et organismes. On peut ainsi citer les jumelages entre lycées et entre communes, les structures de concertation mises en place entre les syndicats de salariés ou les syndicats professionnels, ou encore le développement des accords interuniversitaires. Ces initiatives échappent à l'activité directe des groupes de travail mais, de fait, rendent encore plus solides pour l'avenir les bases de cette coopération multilatérale[56].

Il convient également de noter un renforcement des coopérations entre les capitales administratives des Quatre Moteurs : Barcelone, Lyon, Milan et Stuttgart, qui contribuent ainsi à intensifier, au niveau des grandes villes, le tissu des relations inter-régionales des quatre partenaires.

Les projets actuels des quatre moteurs

Pour célébrer le 10e anniversaire des Quatre Moteurs, les régions partenaires, réunies à Barcelone le 20 octobre 1998, à l'invitation du président de la Catalogne, ont présenté leur programme de travail pour les mois et les années à venir[57].

Elles ont notamment indiqué qu'elles organiseraient, du 6 au 8 octobre 1999, un colloque intitulé "Identités régionales, État national et Europe" qui se tiendra à l'Institut franco-allemand de Ludwigsburg. Les régions partenaires s'engagent également à intensifier la coopération existante entre les universités, notamment dans les secteurs de la télématique et de l'enseignement à distance. Elles encouragent la création d'une université virtuelle des Quatre Moteurs et demandent au groupe de travail sur l'enseignement supérieur et la recherche (CHER) d'étudier la faisabilité de ce projet.

---

56. *Recensement des coopérations entre opérateurs des régions partenaires des Quatre Moteurs*, Région Rhône-Alpes, Direction des Relations Internationales, avril 1997, 103 p.
57. Les éléments qui suivent sont tirés de la "Déclaration des présidents" rendue publique lors de la réunion des présidents le 20 octobre 1998 au Palais de la Generalitat de Catalunya à Barcelone.

En matière de télécommunications, les présidents réunis à Barcelone soulignent à nouveau l'importance des télécommunications et considèrent que le projet "Télérégions" constitue "un apport fondamental pour le développement d'une société de l'information" et représente une amélioration de la compétitivité des régions dans ce domaine. Ils donnent également leur accord pour la création d'une page Web des Quatre Moteurs, montrant à travers ces exemples qu'ils demeurent fidèles à leur fonction de "pionniers d'Europe" en participant à la création d'une société de l'information.

Concernant l'économie, les présidents jugent positive la signature à Barcelone, le 10 octobre 1998, d'une convention entre le pôle Qualité de Rhône-Alpes et les représentants et les trois autres régions partenaires auxquelles sont également associés le Piémont et la Suisse romande. Ils considèrent, par ailleurs, que les nouveaux contextes de l'intégration européenne exigent une meilleure adaptation des petites entreprises "historiquement situées dans une position relativement défavorable face aux défis du marché international". Ils estiment donc très positive l'organisation par les Quatre Moteurs d'une "Journée de formation sur l'euro" de caractère itinérant dans toutes les régions, destinée à orienter les petites et moyennes entreprises quant aux effets que produira l'introduction de l'euro. Les présidents souhaitent donner tout leur appui à la poursuite du projet : "Programme des Quatre Moteurs pour le développement de design", afin d'obtenir un maximum de collaboration entre les designers, les cadres, les entreprises et les fonctionnaires régionaux dans le domaine du marketing et du design.

Dans le domaine de l'agriculture, les présidents soulignent que la présentation du document "Agenda 2000" et les propositions de nouveaux règlements des fonds structurels par la Commission européenne, expliquent que l'on se trouve "à un moment significatif quant au futur de la politique agricole et de la politique du développement rural de l'Union européenne". Ils insistent sur la nécessité de veiller à ce que les critères des régions soient considérés à partir d'une application pleine de principe de subsidiarité, dans l'application de la politique agricole commune (PAC) et de la distribution des fonds structurels.

S'agissant de la jeunesse et des sports, les présidents considèrent qu'un échange intensif dans le domaine de la jeunesse, de l'enseignement et du sport constitue "un apport de grande valeur pour l'avenir de la citoyenneté européenne". Ils approuvent la réalisation d'un ouvrage sur les structures et la législation des régions en matière de jeunesse, ainsi que celle d'un ouvrage de consultation sur les échanges de vacances entre les régions partenaires.

En matière d'éducation et de formation professionnelle, les partenaires se félicitent du succès du "Mondial des métiers" et encouragent les régions à poursuivre cette manifestation de promotion de la formation professionnelle et des métiers. Ils souhaitent un développement encore plus intensif des échanges de jeunes dans le cadre des Quatre Moteurs, dans la mesure où les jeunes représentent un apport très important à la création d'une conscience européenne. Ils peuvent en outre "acquérir ainsi une formation complémentaire constituant un atout considérable pour leur insertion dans le monde professionnel".

En ce qui concerne les transports, les président défendent l'idée que les transports régionaux représentent un aspect très important de la régionalisation et la construction européenne, dans la mesure où ils contribuent à satisfaire les besoins de mobilité. Ils rappellent que chacune des régions partenaires s'est engagée dans un processus de régionalisation de l'organisation des transports ferroviaires régionaux de voyageurs. ils souhaitent développer une collaboration plus étroite au niveau interrégional dans des domaines tels que les matériels ferroviaires régionaux, les standards de qualité, l'information et la communication, les relations avec les entreprises ferroviaires ou encore l'établissement des tarifs.

Dans le domaine des arts et de la culture, les président se félicitent du succès des trois éditions de la biennale d'art contemporain "Carambolage" et soutiennent l'organisation de la quatrième édition qui sera présentée en Lombardie en 2000. Ils considèrent également très positif le nouveau projet de collaboration multilatérale dans le domaine du théâtre pour l'enfance et la jeunesse, projet qui a pour origine le Festival Segnali. Ils apportent leur appui au Festival d'Heidelberg en juin 1999.

Concernant les affaires sociales, les partenaires approuvent l'organisation de la sixième édition de la Conférence sociale à Barcelone le 8 juillet 1999 et du huitième Euroforum à Stuttgart en 1999.

Enfin en matière d'environnement, les président estiment que la coopération dans ce secteur constitue un facteur fondamental de la collaboration interrégionale. Ils se félicitent de la plus grande considération apportée à la protection de la nature dans le cadre de la réforme de la politique agricole commune, et jugent important d'appuyer "un système d'exploitation agricole respectueux de l'environnement; ainsi que la commercialisation de produits d'origine régionale et la culture écologique". Ils se félicitent par ailleurs de la réactivation du sous-groupe "eau" dans le cadre du groupe de travail "environnement".

Les difficultés rencontrées

Le bilan dix années de coopération, dont les aspects positifs sont indiscutables, ne doit pas néanmoins sous-estimer les difficultés rencontrées et les obstacles qui, jusqu'à présent, n'ont pu être surmontés.

Sans chercher ici à les hiérarchiser, nous mentionnerons un certain nombre de limites apportées à la coopération des Quatre Moteurs.

Nous avons déjà abordé la question de la diversité des compétences des quatre partenaires. S'il est vrai qu'elle ne constitue pas un obstacle dirimant, il convient de souligner qu'elle est la cause de ralentissements des dossiers, voire des coopérations limitées à deux ou à trois partenaires au lieu des quatre. C'est par exemple le cas des affaires sociales pour lesquelles la région Rhône-Alpes n'a pas de compétences particulières. Par ailleurs, la décentralisation est en France une réforme relativement récente et qui éprouve bien des difficultés à gommer plusieurs siècles de centralisme, et le poids de l'État central demeure encore très important. Ainsi s'étonne-t-on parmi les partenaires de Rhône-Alpes que ses responsables soient sans cesse dans l'obligation de faire remonter à Paris les décisions urgentes à prendre alors que, la plupart du temps, elles sont prises directement à Stuttgart, Barcelone ou Milan.

Un autre point souvent évoqué par nos interlocuteurs concerne le faible “portage politique” de cette coopération. Le sentiment majoritaire est qu'il s'agit avant tout d'une gestion technique de la coopération plus que d'une dynamique politique commune. Les élus régionaux ne paraissent guère motivés à entrer dans les arcanes des dossiers souvent complexes de la coopération et encore moins à en assumer les responsabilités. Certes, les présidents se réunissent une fois par an et travaillent assidûment, mais ne parviennent que rarement à faire passer leurs messages et leurs choix auprès des autres membres des exécutifs régionaux. Il est à cet égards surprenant, et certainement quelque peu décevant de constater que très peu de débats publics des assemblées régionales, en assemblée plénière, ont évoqué le bilan et l'avenir de la coopération des Quatre Moteurs[58]. Il y a là un manque de prise de conscience des élus quant à l'importance des coopérations interrégionales en Europe en général et de la coopération des Quatre Moteurs en particulier.

Cette question nous amène inévitablement sur le terrain, bien connu au niveau des institutions européennes, du déficit démocratique. Force est de constater que, par rapport au nombre considérable d'actions entreprises et de projets réalisés par les régions partenaires, les citoyens de ces mêmes régions en sont très peu informés et ne participent que très ponctuellement à la coopération. Le ciblage de la coopération concerne en effet avant tout les experts, les universitaires, les chefs d'entreprises et les hauts fonctionnaires territoriaux, et très probablement un petit nombre d'entre eux. Certes, des étudiants sont également concernés, comme en témoignent les bourses à l'étranger ciblées sur les régions partenaires ou le programme MIBP par exemple. Mais trop peu d'entre eux connaissent encore l'existence des Quatre Moteurs, et les perspectives de mobilité qu'ils peuvent offrir.

Quant aux citoyens dans leur ensemble, ils sont relativement peu et mal informés de ce que font les quatre partenaires. Le Bade-Wurtemberg a sans doute innové dans ce domaine en donnant des informations dans les établissements scolaires, dans la presse ou par l'intermédiaire de panneaux signalant un financement de projet labellisé Quatre Moteurs[59]. Mais les grands médias, écrits ou audiovisuels, n'abordent que rarement la question des coopérations régionales en Europe et évoquent encore plus rarement l'expérience des Quatre Moteurs.

L'une des critiques souvent formulées par nos interlocuteurs concerne la coordination souvent trop faible des actions entreprises, tant en interne, entre les différents services d'une même région, qu'en externe, entre les quatre partenaires eux-mêmes. En effet, en dehors des principaux coordinateurs qui ont une bonne vue d'ensemble de la coopération, les autres responsables n'ont qu'une vision parcellaire et souvent beaucoup trop limitée des actions en cours. Peu de réunions horizontales engagées sur des projets précis sont organisées à l'intérieur de chacune des régions. Il est évident que cette lacune est encore plus criante au niveau de la coopération multilatérale elle-même. Ainsi ce qui est vrai des élus se retrouve, dans une certaine mesure, au niveau des fonctionnaires territoriaux.

58. Pour la région Rhône-Alpes, il convient de mentionner la *Journée autour des Quatre Moteurs*, organisée le 17 juin 1997 par le Conseil économique et social Rhône-Alpes.

59. C'est par exemple le cas du jardin botanique situé dans le parc du Château de Ludwigsburg.

Certains enfin reviennent sur l'Exposition des Quatre Moteurs qui, sans être considérée comme un échec, n'en est pas moins la réussite escomptée initialement, du fait de son coût et de la difficulté matérielle à la faire tourner dans les différentes régions européennes, nord-américaines ou japonaises. Il s'agissait-là, pourtant, d'une vitrine exemplaire des potentialités globalisées des quatre partenaires, qui pouvaient ainsi d'exposer et s'exprimer d'une seule voix dans des domaines aussi importants que l'art et la culture, le sport et le tourisme, le design et la mode ou encore les nouvelles technologies. On peut en effet regretter que des occasions de se présenter ensemble, comme un même ensemble régional regroupé, au-delà des frontières, des cultures et des langues, ne se soient pas plus souvent produites au cours des dix dernières années.

Pour une vision renouvelée du quadrige européen

Dix années de coopération, c'est à la fois peu et beaucoup. Peu si l'on considère le temps long des institutions, où l'on constate qu'il faut souvent plusieurs décennies pour qu'elles s'inscrivent durablement dans le paysage institutionnel d'un État ou d'un continent. Peu également, si l'on prend en compte le temps nécessaire pour se découvrir mutuellement et apprendre à travailler ensemble malgré la diversité des situations et des langues

Mais dix ans c'est beaucoup à l'aune d'une génération d'hommes publics. Constatons par exemple que seul le président de la Catalogne, signataire du mémorandum de 1988, est encore en place. De nombreux fonctionnaires, universitaires ou élus, initiateurs du projet à la fin années 80, ne sont plus dans leurs fonctions initiales. Beaucoup également si l'on considère le quotidien des institutions et les tâches répétitives qui parfois tiennent lieu d'action. Beaucoup enfin pour ceux qui peuvent s'inquiéter d'une certaine usure, d'une routinisation voire d'un essoufflement de la coopération.

Il convient donc, à l'occasion de ce bilan réalisé à l'occasion du 10e anniversaire des Quatre Moteurs, d'imaginer quelques idées neuves et quelques comportements innovants.

Ainsi la question de la communication des Quatre Moteurs devrait-elle être considérée avec attention pour mieux faire connaître la coopération, et pour la présenter, plus souvent, de façon unitaire à l'ensemble des citoyens des régions partenaires et au-delà à l'ensemble des régions européennes.

De même, la coopération des Quatre Moteurs avec des régions des pays d'Europe centrale et orientale (PECO) dont l'importance stratégique pour l'avenir n'est plus à démontrer, pourrait-elle être abordée en commun. Des difficultés à s'accorder sur des choix communs surgiront certainement mais l'exercice mérite néanmoins d'être tenté étant donné l'importance considérable qu'auront les prochains élargissements de l'Union européenne à certains de ces pays.

Cela rejoint la question d'une ouverture éventuellement de la coopération à d'autres régions. Si l'on peut considérer qu'elle ne doit pas, institutionnellement, s'élargir, du moins peut-on envisager d'autres coopérations ponctuelles, à l'instar de celle qui s'est nouée avec le Pays de Galles par exemple. A force de considérer qu'il convient avant tout de consolider l'existant, ne risque-t-on pas un certain repli sur des positions acquises et à terme un manque de renouvellement des idées, des projets et des ambitions ?

S'agissant de régions non-européennes, le cas de l'Ontario qui, pour des raisons budgétaires, a dû cesser toute coopération il y a quelques années, devrait être examiné avec soin. Les coopérations Outre-Atlantique, certes intéressantes pour pénétrer le marché américain et canadien, sont coûteuses et souvent plus complexes que les coopérations entreprises au sein même du continent européen. Plutôt que de s'associer à une seule province canadienne ou à un seul État fédéré américain, les Quatre Moteurs pourraient envisager de coopérer avec un ensemble de provinces et d'États nord-américains, ce qui aurait le double avantage de ne pas se lier à un seul partenaire et de coopérer avec une structure aussi semblable qu'innovante. Ainsi les Quatre Moteurs démontreraient-ils clairement leur vocation à être les pionniers de la coopération interrégionale, au plan européen et même au-delà. A défaut de coopérations institutionnalisées, ils pourraient mener des actions communes (salons commerciaux, coopérations universitaires par exemple) en Amérique latine, en Amérique du Nord, en Afrique, au Proche-Orient et en Asie.

On pourrait également envisager de poursuivre l'évaluation de la coopération non plus globalement, comme c'est le cas actuellement, mais par champs plus circonscrits, afin de voir s'il n'y a lieu d'arrêter certains projets et d'en proposer de nouveaux. S'il y a un avantage certain à poursuivre une expérience qui fonctionne correctement selon les règles mises en place au fil des ans, le risque de se contenter de reproduire inlassablement l'existant est non moins réel, et la capacité d'innovation et de créativité peut s'en trouver amoindrie. Pourquoi ne pas aborder des champs nouveaux de coopération, dans le domaine du cinéma, de la télévision régionale, du football amateur et professionnel, pour ne prendre ici que quelques exemples ? Un Comité de pilotage prospectif pourrait être créé pour une durée d'une année, avec pour objectif d'imaginer de nouvelles perspectives et de nouveaux projets pour les dix prochaines années.

Dans les domaines de la formation initiale et continue, les Quatre Moteurs pourraient faire preuve d'ambitions plus nettement affichées avec notamment :

- une ouverture plus large du “Permis de réussir” créé par la région Rhône-Alpes, aux échanges européens et internationaux ;
- le développement des échanges d'étudiants de l'enseignement supérieur, avec un doublement des bourses dans les cinq années à venir ;
- la mise en place, dans toutes les régions partenaires du programme EURODYSSEE, concernant les échanges de stagiaires de la formation professionnelle ;
- l'expérimentation et le développement du service volontaire européen.

Concernant le déficit démocratique dont nous avons parlé, il conviendrait sans doute de multiplier les informations dans les quotidiens régionaux, dans les émissions de radio et de télévision à dimension régionale, d'intervenir plus largement dans les collèges, les lycées et les universités pour familiariser les jeunes à cette pratique de coopération. Il faut éviter le risque d'une trop grande technicisation de la collaboration, réduite au fil du temps à des programmes d'experts et à des visées purement utilitaristes. Elle doit se faire avant tout pour les citoyens des régions partenaires qui doivent s'en saisir et la prendre en charge à leur propre niveau.

S'agissant précisément des aspects techniques de la coopération, il faudrait sans doute plus de concertations horizontales et verticales au sein d'une même région et entre les quatre partenaires. On pourrait également envisager qu'au bout de quelques années les responsabilités puissent tourner pour éviter une routinisation toujours dommageable pour la dynamique du projet. Les régions pourraient envisager de constituer en leur sein une direction ou à tout le moins recruter un ou une responsable Quatre Moteurs qui serait pleinement en charge des principaux dossiers de la coopération, et qui travaillerait avec un élu régional lui-même responsable de la coopération des Quatre Moteurs.

Pour éviter de trop fréquents déplacements, il conviendrait de développer la messagerie électronique, les visio-conférences, la traduction automatique et toutes les expériences de formation à distance, à l'instar de la remarquable université ouverte de Catalogne (UOC) par exemple.

Enfin, mais on touche là des préoccupations politiques qui dépassent peut-être le cadre imparti à cette réflexion, on pourrait profiter de cette phase de bilan pour ouvrir à Bruxelles et à Strasbourg, auprès de la Commission européenne et du Parlement européen, une Délégation commune qui prendrait en charge les intérêts communs des quatre partenaires. L'image du "Quadrige européen" prendrait alors tout son sens et toute son importance. A défaut d'une Délégation commune à Bruxelles, on pourrait envisager des concertations régulières des quatre délégations.

En tout état de cause, la question des moyens, tant en ressources humaines que financières, doit être posée afin de savoir s'il ne conviendrait pas de doter cette coopération d'une masse critique qui améliorerait sensiblement son fonctionnement, aussi bien à l'intérieur de chaque région qu'au niveau des quatre partenaires réunis. Par rapport à l'ampleur des projets engagés, l'enveloppe budgétaire peut en effet paraître relativement mince.

Les Quatre Moteurs peuvent et doivent encore innover, surprendre et étonner. Par de nouveaux projets et de nouvelles initiatives. Par une vision renouvelée de leur rôle dans la construction d'une Europe en mutation dans laquelle les régions n'ont certainement pas encore trouvé toute leur place. Le Quadrige européen a la capacité d'ouvrir la voie et d'impulser une nouvelle dynamique régionale en Europe.

Bibliographie sélective

Bagnasco Arnaldo et Le Gales Patrick (sous la dir. de), *Villes en Europe*, Paris, La Découverte, 1997, 280 p. (Recherches. Série Changement social en Europe occidentale).

Balme Richard (sous la dir. de), *Les politiques du néo-régionalisme : action collective régionale et globalisation,* Paris, Economica, 1996, 301 p. (Politique comparée).

Balme Richard, Garraud Philippe et *alii*, *Le territoire pour politiques : variations européennes,* Paris, L'Harmattan, 1994, 303 p. (Logiques politiques).

Balme Richard, Faure Alain, Mabileau Albert, *Politiques locales et transformation de l'action publique en Europe,* Saint-Martin-d'Hères, CERAT, 1998, 446 p.

Bassand Michel, *Culture et régions d'Europe*, Presses polytechniques et universitaires romandes, Lausanne, 1990, 255 p.

Benko Georges, Lipietz Alain (sous la dir. de), *Les régions qui gagnent. Districts et réseaux : les nouveaux paradigmes de la géographie économique,* Paris, Presses Universitaires de France, 1992, 424 p (Economie en liberté).

Bodineau Pierre, Verpeaux Michel, *La coopération locale et régionale,* Paris, Presses universitaires de France, 1998, 127 p. (Que sais-je ? 3374).

Bourrinet Jacques, *Le comité des régions de l'Union européenne,* Aix-en-Provence, Centre d'études et de recherches internationales et communautaires, Paris, Economica, 1997, 305 p. (Coopération et développement).

Celimene Fred et Lacour Claude (sous la direc. de), *L'Intégration des espaces*, Paris, Economica, 1997, 300 p. (Bibliothèque de science régionale).

Charpentier Jean, Engel Christian, *Les régions de l'espace communautaire*, Nancy, Presses universitaires de Nancy, 1992, 284 p.

Commission européenne, *Histoire de régions : 36 projets à travers l'Europe,* Luxembourg, Office de publication des communautés européennes, 1996, 61 p.

Commission européenne, *Europe 2000 + : coopération pour l'aménagement du territoire,* Luxembourg, Office de publication des Communautés européennes, 1995, 246 p.

Croisat Maurice, *Le fédéralisme dans les démocraties contemporaines,* Paris, Montchrestien, 1992, 156 p. (Clefs).

Croisat Maurice, Quermonne Jean-Louis, *L'Europe et le fédéralisme : contribution à l'émergence d'un fédéralisme intergouvernemental,* Paris, Montchrestien, 1996, 158 p. (Clefs politique).

Delamaide D., *Le nouveau puzzle européen,* Paris, Calmann-Lévy, 1994, 369 p.

Delcamp Alain, *Les institutions locales en Europe,* Paris, PUF, 1990 (Que Sais-je ? 2559).

Delcamp Alain (sous la dir. de), *Les collectivités décentralisées de l'Union européenne,* Paris, La Documentation française, Notes et Etudes documentaires, 1995, 369 p..

Denieul François, *Nord de Paris, Sud de Bruxelles : éléments pour une diplomatie régionale de proximité,* La Tour d'Aigues, Editions de l'Aube, 1998, 170 p. (L'Aube Nord).

Doutriaux Yves, *La politique régionale de la CEE,* Paris, PUF, 1991, 128 p. (Que Sais-je ? 2587).

Drevet Jean-François, *La France et l'Europe des Régions,* Paris, Syros, Alternatives, 1992, 235 p.

Drevet Jean-François, *1992-2000 : Les régions françaises entre l'Europe et le déclin,* Paris, Souffles, 1996, 253 p.

Dumont Gérard-François, *L'arc alpin : histoire et géopolitique d'un espace européen,* Paris, Economica, 1998, 156 p.

Dumortier Brigitte, *L'Europe médiane en mutation : questions de géographie,* Paris, Ed. du Temps, 1997, 221 p.

Dupoirier Elisabeth (sous la dir.de), *Régions : la croisée des chemins. Perspectives françaises et enjeux européens,* Presses de Sciences Po, 1998, 381 p. (Références inédites).

Etre et devenir des frontières, actes du colloque, Genève, 18-19 septembre 1997, Genève, Société de géographie, département de Géographie de l'université, 1998, 290 p.

Feral Pierre-Alexis, *Le comité des régions de l'Union européenne,* Paris, Presses universitaires de France, 1998, 125 p. (Que sais-je ? 3369).

Foucher Michel (sous la dir. de), *Fragments d'Europe*, Paris, Fayard, 327 p.

Gaudemar de (sous la dir. de), *Formation et Développement Régional en Europe,* Paris, La Documentation française, 1991, 278 p. (Etudes et Recherches).

Granrut Claude du, *Europe, le temps des Régions,* Paris, LGDJ (Coll. Décentralisation et développement local), 1994, 204 p.

Hoffmann-Martinot, Vincent et Kjellberg, Francesco (sous la dir. de), *Décentraliser en France et en Norvège*, Paris, Pédone, 1996, 256 p. (Vie locale, 14).

Huguenin Jacques, Martinat Patrick, *Les régions entre l'Etat et l'Europe,* Paris, Le Monde Editions, 1998, 221 p. (Le Monde poche).

IIAP, *L'administration territoriale en Europe. Allemagne, Espagne, Italie, Pays-Bas, Royaume-Uni,* Paris, La Documentation française, 1993, 118 p. (Dossiers et débats).

Jones B., Keating M., *The european Union and the Regions,* Oxford, Clarendon Press, 1995.

Jouve Bernard, Negrier Emmanuel (sous la dir. de), *Que gouvernent les régions d'Europe? Echanges politiques et mobilisations régionales,* Paris, L'Harmattan, 1998, 336 p. (Logiques politiques).

Labasse Jean, *L'Europe des régions,* Paris, Flammarion, 1991, 432 p. (Coll. Géographes).

Labasse Jean, *Quelles régions pour l'Europe ?,* Paris, Flammarion, 1994, 126 p. (collection Dominos).

Lafont Robert, *La nation, l'état, les régions*, Paris, Berg international, 1993, 229 p. (Pensée poltique et sciences sociales).

Le Gales Patrick, Lequesne Christian, *Les paradoxes des régions en Europe,* Paris, La Découverte, 1997, 302 p. (Recherche).

Meny Yves, *La réforme des collectivités locales en Europe, Stratégies et résultats,* Paris, La Documentation française, 1984, 191 p.

Meny Yves, Muller Pierre, Quermonne Jean-Louis et *alii*, *Politiques publiques en Europe,* Paris, L'Harmattan, 1995, 352 p. (Logiques politiques).

Nemery Jean-Claude, Wachter Serge (sous la dir. de), Entre l'Europe et la décentralisation. Les institutions territoriales françaises, Datar, Editions de l'Aube, 1993, 171 p.

Ohmae Kenichi, *De l'Etat-Nation aux états-régions,* Paris, Dunod, 1996, 214 p.

Palard Jacques (sous la dir. de), *L'Europe aux frontières : la coopération transfrontalière entre régions d'Espagne et de France,* Paris, PUF, 1997, 168 p. (Travaux et recherches du Grale).

Philip Christian et Soldatos Panayotis (sous la dire. de), *Au-delà et en deçà de l'Etat-nation*, Bruxelles, Bruylant, 1996, 288 p.

Poche Bernard, *L'espace fragmenté : éléments pour une analyse sociologique de la territorialité,* Paris, L'Harmattan, 1996, 275 p.

Poignant Bernard, *Langues et cultures régionales*, rapport au Premier ministre, Paris, La documentation française, 1988, 90 p.

Pola Giancarlo, Marcou Gérard, Bosch Nuria, *Investissements publics et régions. : le rôle des différents niveaux de collectivités publiques dans six régions fortes d'Europe,* Paris, L'Harmattan, 1994, 303 p. (Logiques juridiques).

Pongy Mireille, Saez Guy, *Politiques culturelles et régions en Europe,* Paris, L'Harmattan, 1994, 317 p. (Logiques politiques).

Pratchett Laurence, Wilson David, *Local Democracy and Local Government,* London, Macmillan, 1996.

Quermonne Jean-Louis, *Le système politique européen*, Paris, Montchrétien, collection Clefs, 1993.

Reboud Louis (sous la dir. de), *L'intégration de Rhône-Alpes dans l'espace européen du XXIe siècle*, Villeurbanne, Programme pluriannuel en sciences humaines Rhône-Alpes, CNRS, 1991, 170 p.

Romus Paul, *L'Europe régionale,* Bruxelles, Editions, Labor, 1991, 144 p. (Collection Europe).

Saez Guy, Leresche Jean-Philippe, Bassand Michel, *Gouvernance métropolitaine et transfrontalière. Action publique territoriale,* Paris, L'Harmattan, 1997, 314 p. (Logiques politiques).

Salesse Yves, *Propositions pour une autre Europe : construire Babel,* Paris, Ed. du Félin, 1997, 477 p. (Questions d'époque).

Sidjanski D., Ricq C., *Les politiques régionales en Europe,* Lausanne, LEP, 1985.

Sidjanski Dusan, *L'avenir fédéraliste de l'Europe,* Paris, PUF, 1992.

Skrzypczak Richard, *Collectivités locales : l'Europe partenaire,* Paris, La Documentation française, 1997, 239 p. (Réflexe Europe).

Smith Andy, *L'Europe au miroir du local. Les fonds structurels et les zones rurales en France, en Espagne et au Royaume-Uni,* Paris, L'Harmattan, 1995, 300 p. (Logiques politiques).

Terrazoni A, *L'administration territoriale en Europe,* Paris, LGDJ, 1992, 150 p. (Collection Systèmes).

Vergès Jean (sous la dir. de), *L'Union européenne et les collectivités territoriales*, Economica, Paris, 1997, 219 p.

Wachter Serge (sous la dir. de), *Politiques publiques et territoires,* Paris, L'Harmattan, 1989, 187 p. (Logiques Sociales).

Wright Vincent, Cassese Sabino, *La recomposition de l'Etat en Europe,* Paris, La Découverte, 1996, 239 p.

Achevé d'imprimer sur les presses de HORIZON GROUPE
Parc d'activités de la plaine de Jouques 200, avenue de Coulin 13420 Gémenos